你其实不懂

心理学

DON'T TELL ME YOU KNOW PSYCHOLOGY

作者·康海波

南方出版社

图书在版编目（CIP）数据

你其实不懂心理学 ／ 海波编著.—海口 ： 南方出版社，
2011.9（2017.9重印）

ISBN 978-7-5501-0367-2

I.①你… II.①海… III.①心理学—通俗读物 IV.①B84-49

中国版本图书馆CIP数据核字(2011)第176977号

你其实不懂心理学

海波／编著

责任编辑：　孙宇婷　高会力
责任校对：　王田芳
版式设计：　吴　磊
出版发行：　南方出版社
地　　址：　海南省海口市和平大道70号
电　　话：　(0898)66160822
传　　真：　(0898)66160830
经　　销：　全国新华书店
印　　刷：　三河市北燕印装有限公司
开　　本：　700mm×1000mm　　1/16
字　　数：　180千字
印　　张：　13
版　　次：　2017年9月第1版第2次印刷
书　　号：　ISBN 978-7-5501-0367-2
定　　价：　36.00元

新浪官方微博: http://weibo.com/digitaltimes

前言

第一章 心理魔术师：心理学是我们看清自己的眼睛

第二章 交际心理学：小心生活里的心理黑洞

第三章　爱情心理学：爱情就是把自己弄瞎

第四章　成功心理学：成功学其实都是心理技巧

第五章　幸福心理学：幸福其实是一种心理

第六章　大众心理学：心理总是拉扯着我们走向平庸

　　人心就像海底针，相比那些我们看得见摸得着的事物，人心的确是世界上最难懂的东西之一。因为它时时刻刻都在变化，即便是自诩最了解自己的人，有时候也不知道自己的这种情绪或那种心态是从何而来。所以我们经常用"莫名其妙""无从解释"等词语来形容难以琢磨的内心世界。

　　虽然人心难懂，可是就是有人不死心，他们开始研究人心，这些人就是我们所说的心理学家。他们认为人心是可以掌握的，任何一种情绪的波动和心理的产生都是有缘由、有根据、可查找的。他们致力心理学的研究，而且取得了丰硕的成果，他们用最简练也最难懂的数据和术语，将人类变幻莫测的心总结成一条条的规律，他们无疑是伟大的。

　　可是，我们又要说"可是"了，我们可不是什么心理学家啊，对于心理学甚至是一窍不通，它看上去是那样玄妙、难懂，却又与我们的生活有着密切联系。我们情不自禁地想要了解它，因为我们太想知道自己究竟在想什么、为什么要这样做，也太想知道别人在想什么、为什么要那样做了！然而，对于身为心理学门外汉的我们来说，那些枯燥难懂的心理学术语和数据着实让我们头大。

怎么办？就此放弃吗？要跟神秘的心理学 Say Goodbye 吗？当然不！你大可不必灰心失望，既然复杂的部分我们无法驾驭，那就来点简单的吧，深入浅出的语言就可以让那些乏味的专业名词和吓人的术语变得生动可爱起来。不相信？那就不妨翻开这本书看看吧。《你其实不懂心理学》？没错，但是看了之后，你就会完全懂了。你不懂心理学，是因为你觉得它很难懂，觉得它离你很远。现在，它完完全全以一个邻家小妹的姿态在冲着你微笑，召唤你，你又怎么好意思拒绝呢？

你会发现，在这本书里，那些"定律""效应""法则"完全都是唬人的东西，它们其实非常简单，它们就是你生活中的那些事，是你完全可以理解的道理。这就是本书最大的特点——深入浅出，并且生动活泼。我们绝对不用难懂的知识吓唬人，心理学其实真的没什么，谁没有心啊？有自己的心也就能了解别人的心，在发现自己、了解自己的同时，摸透别人到底在想些什么，将心比心，心心相印！

在这本书里，你会了解自己究竟为什么会有这样或那样天马行空的奇思妙想；你会跳出自己的身体看清自己的内心；你会发现生活和交际中那些小小的心理黑洞；你会明白为什么有人成功，而有人失败；你会懂得为什么自己经常觉得不幸；你会了解为什么你会一不小心变得平庸。交际心理学、成功心理学、爱情心理学、幸福心理学、社会心理学……原来我们要学的东西还真不少，但是请千万别担心，你想要的这里都有，而且绝对是剥皮去瓤打理好的，你只要做好准备将它幸福地"吃掉"就可以啦！

第一章 心理魔术师：心理学是我们看清自己的眼睛

　　我们以为自己才是最了解自己的人，其实我们错了，从某个角度来说，我们也是最不了解自己的人。因为人的眼睛总是朝外的，所以看到的都是别人，对自我的评价也大多是从观察别人得出的，这样当然很难做到客观和理智。如果你想要真正了解自己，洞悉自己的内心，审视为什么自己会这样、会那样，那么心理学将会是一个非常好的帮手。它可以让你明白自己内心那些看似荒谬的想法究竟是怎么产生的，找到了问题的根源才能更好地解决问题，因为你已经看清了自己，所以想要改变也就轻松多了！

酝酿效应——遇到难题放一放

心理学看似玄奥神秘，实际上却是每个人时时刻刻都在接触的一门学问。比如，接下来所要论述的酝酿效应，就是每个已产生思维能力的人都曾经体验过的。所谓"酝酿效应"，又被称为"直觉思维"，是指反复探索一个问题的解决方法而毫无结果时，把问题暂时搁置几小时、几天或几个星期，由于某种机缘，新想法突然浮现了出来，百思不得其解的问题竟然一下子找到了解决的办法。

当我们决定做某件事但又未做之时，常说，正在酝酿当中。酝酿阶段就是尚未执行，正在为执行积蓄力量的阶段，这个阶段是保证最后执行顺利的重要阶段。大多数人都知道行动需酝酿，却不知道思维同样需要酝酿。而实际上，有很多令我们挠头的难题正是在直觉思维的酝酿效应中被神奇地解决掉的。

心理学家证明酝酿效应时，最常使用的例子就是阿基米德发现浮力定律的故事。在阿基米德生活的古希腊，为国王解决问题是当时的人们无法推辞的责任，且要冒巨大的风险。作为古希腊著名的数学家，阿基米德就曾被赋予一项史无前例，当然也非常棘手的任务。

国王怀疑负责给他做王冠的工匠用银子偷换了金子，但王冠与他当时交给工匠的金子一样重。于是国王将证明王冠里是否被灌了银子的难题交给了阿基米德。这个史无前例的证明题即使让号称能撬起地球的阿基米德来解也是颇为困难的，别说不能把王冠切开，就是挖个小洞都是死罪呀！阿基米德绞尽脑汁，不眠不休地想了几天几夜，依然毫无头绪。一向不怕死的阿基米德放弃了。"是福不是祸，是祸躲不过"，阿基米德决定先好好洗个澡，睡个觉，一切后果等睡醒了再说。

阿基米德回到家，放好洗澡水，躺进浴盆里，全身放松，准备慢慢下沉。不对，他发现自己没有下沉，而是在上浮。而且，浴盆里的水在不停地往外溢。忽然灵光一现，阿基米德想到，同等重量的金子与同等重量的"金＋银"，体积是不同的，所以它们所能溢出的水当然也有区别。难题被解决了，他的名声也更加响亮，而他通过"灵光一现"解决问题的故事则被心理学家们用来证明酝酿效应的存在。

其实，酝酿效应就是我们每个人在日常生活中常常遇到的所谓"灵光一现"。当我们苦苦思索某个问题而无法解决时，往往在放弃后的某个时间点，突然得到灵感，找到解决办法。而这种所谓的"灵光一现"在心理学上是有科学依据的。

因为从心理学上讲，此时我们的大脑并未真正休息，而是在潜意识层面中进行创造性思维，摒弃意识中的错误思路，用正确的方法寻找答案，这就是酝酿阶段。当我们处于酝酿阶段之时，潜意识虽然无法被我们把握，却正在为解决问题做积极准备，以至于我们最终能够绽放"思维之花"，结出"答案之果"。

所以，当你面临难题而百思不得其解时，心理学告诉你，不要苦恼，因为任何人都会面临这种困境。此时不妨放下问题，做些放松的事情，也许答案会"踏破铁鞋无觅处，得来全不费工夫"呢。

超限效应——世上有太多"孙悟空"

所谓"超限效应"，顾名思义，就是超出了限度而造成的效应。心理学上的超限效应，指的就是人们的语言或行为频度过快或过慢，超出了人们心理上感觉美好的限度，从而造成反面效果。

著名的美国作家马克·吐温有一次去教堂听牧师演讲。开始几分钟，他觉得牧师讲得太好了，令他大受感动，因而准备捐一笔巨款。十几分钟后，牧师还在讲，马克·吐温觉得有些烦躁了，于是决定只捐一些零钱就算了。半个小时后，牧师依然口若悬河、滔滔不绝，马克·吐温决定一分钱也不捐了。终于，在两个小时后，牧师结束了他冗长的演讲。马克·吐温耐着性子听完演讲，早就气不打一处来了，结果他不但没有捐一分钱，还从盘子里偷了两美元。

世事往往如此，牧师可能永远也不知道，如果他把自己的演讲缩短一些，反而会得到更多的捐款。

刺激过多、过强和作用时间过久而引起人们极不耐烦或反抗的心理现象，就是超限效应。最有意思的超限效应案例，恐怕要属电影《大话西游》中的唐僧了。他把孙悟空"折磨"得想杀他，把小妖怪们"折磨"得自杀，形象地表现了超限效应。当然，在我们的生活中，《大话西游》中的案例基本不会有，但马克·吐温式的反应恐怕为数不少。

当今世界，无论是演讲、商谈，甚至聊天，都讲究关键3分钟。即人们需在3分钟内将自己的主要信息传达给对方，让对方在精力最集中、心情最愉悦的时候接收到你的信息，千万不要冗长拖沓。

比如，世界上最著名的演讲之一，已流传百年之久的林肯葛底斯堡演讲，只有短短不到 5 分钟的时间，却被人们传诵至今。如果这次演讲是一次长达几个小时的冗长演讲，恐怕也早已湮没在了历史的长河中。所以，要想让你的演讲取得成功，那么你就应在 3 分钟以内完全展现自己的魅力，并以自己的魅力抓住听众。

不仅演讲如此，两个人的交谈同样如此。在与人交流时，一定要注意节奏、控制时间，重要的内容一定要在尽量短的时间内完整传达给对方。如果谈话时间过长，根据超限效应，必定会使对方成为不耐烦的"孙悟空"，恨不得拎起金箍棒一棒砸死你这个唠叨的"师父"。当你与对方交流，发现对方已经开始看表，注意力开始分散，甚至东张西望时，无论事情有没有说完，都请停止吧。因为接下来你说的话都将是白白浪费口水，对方已经连一个字都听不进去了。

不仅拖沓是交流的天敌，过于频繁的交流同样会造成超限效应。比如当今很多广告都有播放频率过高的问题。商家以为花大钱，多播放广告，就能使受众更深刻地记住自己的产品。从某种程度上说的确如此，但商家忽视了过高的频率会造成超限效应，从而引起受众的逆反心理。尽管广告宣传需要有一定的密度，需要从多维度刺激消费者的感官，但是一定要适可而止。这就和你对某个人反复强调一个问题一样，强调会令对方印象深刻，但三番五次地强调就会让他想变成"孙悟空"。

如果你想取得成功，就记住无论与任何人以任何方式交流或传达信息，都必须注意"度"的问题，把握时间上的度和频率上的度。只有这样，才更能给人留下良好的印象，避免超限效应带来的尴尬后果。

重叠效应——"熟视"容易"无睹"

我们都知道，识记两种相似的事物，很容易将其混淆，甚至会将二者遗忘。这是为什么呢？心理学家柯勒把这种现象命名为"重叠效应"。他认为："内容相同的东西重复出现时，因为这些东西的性质相同，就会产生互相抑制的反应，从而互相干涉，让人容易遗忘。"

"老总，对不起，对不起。"Lisa 一个劲地向上司道歉。是什么引起上司暴怒的呢？这一切源于 Lisa 触及了心理学上所说的"重叠效应"。文件 A 和文件 B 相似却不同，虽然有前辈告诫 Lisa 不要同时整理这两份文件，但是 Lisa 信心满满地说："只要我认真些，仔细点，肯定出不了差错。"结果呢？事情并没有向 Lisa 预期的方向发展，只是短短的一个小时，文件 A 和文件 B 就"混熟"了，两份文件"如胶似漆"地黏在一起，难舍难分……最终，老总望着这个难以收拾的烂摊子愤怒异常。与其说 Lisa 是重叠效应的受害者，不如说她被上司狠批是因为她不懂心理学。

美国纽约州立大学心理学教授理查德·格里格曾说："心理学是一门与人类幸福密切相关的科学。"正如理查德·格里格所言，心理学就像一面镜子，它能够折射出一个人潜意识里深藏的秘密和外在表象。如果将心理学比喻为"智慧的旅行"，那么选择适当了解并运用心理学，一定能够让自己不虚此行。

以重叠效应为例，它是人们在认识客观事物的过程中，或者在对信息进行加工处理的过程中，由表及里，由现象到本质，在反映客观事物的性质时，不自觉地将相似度较高的东西集中在一起产生的同化作用。在生活和工作中，我们如果能够多了解一些重叠效应，就能够克服其消极的一面，将积极的一面发扬光大。

某公司推出 A 和 B 两个系列的产品，按照公司的计划，他们准备将 A 系列和 B 系列的宣传放到同一时间来做。但是这个提议遭到了策划总监的反对，他说："按照心理学上重叠效应的原理，我们将 A 和 B 的广告同时投入市场，只能令消费者将这二者混淆。原因有二：第一，这两个产品都是我们公司生产的；第二，这两个产品材质相似。如果将它们同时推出，只会让消费群体记住其中一个概念，是某公司的产品，或是某质地的材料。这样一来，宣传效果就会大打折扣。"

这位策划总监说得没错，人们很容易受到重叠效应的影响。熟视无睹是人们的普遍心理，你把相似的东西反复拿给别人看，别人分不清谁是谁，而且也根本记不住。最后，这家公司听从了策划总监的建议，分别为两种产品有步骤、分阶段地投放广告，其结果果然不同凡响，销售额不断飙高。

所以说，学会应用心理学对我们有许多好处。正如这家公司，如果策划总监也不懂得重叠效应，很有可能就会造成大量的宣传资金"打水漂"，销售成效甚微，甚至没有。抽一点时间学习心理学知识，可以让我们面对各种问题时少走弯路，直达目标。既然坦途大道就在前方，我们还是将"不绕远"作为上上策为好。

定式效应——你看别人用老眼光了吗?

话说农夫丢失了一把斧头，他很沮丧。无意之中，他得知邻家男孩曾"手脚不干净"。于是农夫进一步观察这个男孩，发现无论是他走路摇摆的样子，还是其慌张的神情，怎么看怎么像偷自己斧头的贼。几天之后，农夫不经意间找到了被自己遗失的斧头。当他转过头来再次观察邻家男孩时，竟然发现不管怎么看，男孩都没有偷斧头的贼模样了。显然农夫是受到了心理上定式效应的影响。所谓"定式效应"是指人们在认知活动中喜欢用自己已有的知识、经验来看待当前问题的一种心理反应倾向，也就是俗称的"用老眼光看人"。

曾经有一个类似脑筋急转弯的心理测试难住了不少人，问题是：一位局长在路边和一个老人聊天，一个小孩跑过来对局长说："你爸爸和我爸爸正在吵架，你一定要赶快回家看看。"老人很诧异，问道："这孩子是谁啊？"局长回答："这个男孩是我儿子。"问题出来了，请问：吵架的两个人和局长是什么关系？

很多人绞尽脑汁猜来猜去，可是离标准答案越来越远。最终，答对问题的人是一个小孩子，他听过题目后脱口而出："吵架的是局长丈夫和局长爸爸，也就是说小孩的爸爸和外公。"孩子的答案是正确的，为什么成年人没有答对这个简单的问题呢？这就是定式效应。按照成年人的经验，担任局长的大多数为男性，按照这个心理定式去推断，自然是围着答案绕圈子；而小孩子则不同，他没有这个心理定式，所以一下子就说出正确答案。

苏联心理学家做过一个定式效应的实验，此实验堪称心理学实验的经典之一：研究者向两组实验者出示同一张照片，但是研究者对第一组实验者说"此人十恶不赦，是个惯犯"；对第二组实验者说"这是个成功人士，他身上拥有很多优秀的品质"。看过照片后，研究者让两组人分别用文字描述照片上看到的人的相貌。

第一组描述的词语多为"仇恨的眼神""阴损的鼻子"，甚至"顽固不化的下巴"；而第二组描述称此人有"深邃的目光""睿智的鼻子"，还有"可爱的下巴"。为什么同一张照片留给两组实验者的印象却是天壤之别呢？这一切源于心理学上的定式效应。

我们都知道，人在感知和思维模式方面都具有定势的倾向，如果将这一直观感受带到生活中，难免会出现以偏概全的现象。比如说：员工因为粗心弄错了数据，在以后的工作中别人难免会戴有色眼镜看人，不敢将重要的工作托付给"不细心"的他。既然存在定式效应这个心理因素，我们不妨提高警惕、防微杜渐，争取做好每一件事，将事情的错误率降低至 0。当然，如果你已经在定式效应的困扰之中，也不要过于悲观。破除此效应的副作用，需要靠你更积极的努力，以营造全新的正面形象，让人刮目相看，扭转定式效应的方向。

人生活在一定的环境中，久而久之就容易形成固定的思维模式和心理印象。当人们喜欢用老眼光、从老角度去观察人、看待人时，有"前科"者就会大为不妙。也许你会提出不同看法，认为"老眼光看人是不对的"。但是定式效应是确确实实存在于我们周围的客观现象，如果你不想成为它的牺牲品，就要对它积极的一面善加利用。道理是等同的，如果你给人的印象是认真、干练、能力强，那么大家就会认定你十分可靠，值得信赖。其实，这也是定式效应给我们带来的好处。

首位效应——第一次一定要干好

我们每天都要接触不同的人，试着问自己一下，我们是否有过这样的经验——遇到一个陌生人，仅凭对方的衣着、谈吐乃至一举一动就已经在心底确认对方是一个怎样的人？你很相信自己的眼光和判断力，因此在今后相当长的一段时间里，都会认为他就是这样的一个人。为什么会这样呢？原来是首位效应在作怪。

美国心理学家洛钦斯做过这样一个实验，就是他用四篇不同的短文来描写同一个人。第一篇文章中，此人开朗而又和善；第二篇文章的前半部分把这个人描述得开朗、和善，而后面则描写得孤僻且冷漠；第三篇文章和第二篇相反，前半部分说他不好，后半部分说他很好；最后一篇文章则通篇说这个人十分孤僻。之后，洛钦斯请几个实验者分别读这几篇文章，然后再做出此人究竟是好还是不好的判断。

实验结果表明，由于文章内容的前后编排不一，实验者对此人的印象也大不相同。看过第一篇文章的人中，78%的实验者认为此人友好；而看过第二、三、四篇文章的人中，只有18%的实验者认为此人友好。由此可见，首位效应对个人认知起着至关重要的作用。首位效应的定义就是：个体在社会交往中会产生认知过程，而通过第一印象传输到大脑中的客观信息会对认知起到一系列的影响作用。

中国人常说"先入为主"，此话一点不假。因为首位效应带来的结果就是，当人们对一个人是好是坏树立起第一印象之后，这个印象就在人们脑海里形成根深蒂固的影像。在之后的交往中，这个影像如放电影一般一遍一遍地重复播放，左右着大脑对事物的客观判断。也就是说，开始是好的，我们就认定它就是好的；而开始是坏的，我们则认定它就是坏的。同样道理，比如说与人初次见面，我们就将某件事情搞砸，难免会给对方留下粗心、不谨慎的"恶名"，使对方产生很难继续合作下去的印象；反之，第一件事完成得漂漂亮亮、干干脆脆，那么对方除了赞许的神情外，还会给予我们更多的信任。"新官上任三把火"就是这个道理，必须把最初的事情干得红红火火，这个"新官"才会成为百姓心中认可的好官。

也许有人会对此提出异议，认为"路遥知马力，日久见人心""是金子总会发光的"，他们在心中认定"第一印象不好没有关系，时间长了自然就会发现其他优点"。这个观点虽然有一定道理，但是问题在于，当第一印象建立起来之后，除非发生特殊情况，否则能够逆转第一印象的概率不高。尽管别人眼中的第一印象并非真实的你，然而第一印象只有一个，一旦留下不良印象，很有可能对方就不再给你提供继续交往和合作的机会，更不用谈及被发现是"闪光金子"的机会了。

孔子曰："吾以言取人，失之宰予；以貌取人，失之子羽。"圣人用这最简洁的语句向我们阐明首位效应的重要性。先入为主的心理暗示着每一个人，即便是孔子这样的圣人也不例外。我们姑且不论以貌取人的做法是否正确，仅凭首位效应这一点就有理由相信，如果我们不能摆脱首位效应的影响，不如让其为自己服务——干好第一件事，树立良好的第一印象。现在你应该了解第一印象为什么这么重要了吧？如果你不想在人际交往中跌跟头，就要乖乖地顺应首位效应，打响"第一炮"！

期望定律——做自己的皮格马利翁

古希腊有一位年轻的王子住在塞浦路斯岛，他名字叫作皮格马利翁。这位王子十分喜爱艺术，他历经多年终于雕刻出一尊美丽的女神像。面对自己亲手打造的雕塑，他爱不释手，整日细心擦拭、深情注目。终于有一天，女神奇迹般活了，并且与皮格马利翁坠入爱河，携手走进婚姻的殿堂。这可以用来解释期望的作用。美国心理学家罗伯·罗森塔尔在 1968 年率先提出期望定律，他认为期望具有神奇的魔力。

期望定律究竟有多么神奇？其实它只不过是心理上的一种力量和信念。曾经有一位虔诚的基督教徒不幸罹患癌症，医生为她安排了半年的治疗期限。为了能够生存下去，这位基督教徒除了配合医院治疗外，每天都向上帝祈祷，希望自己能够恢复健康，快乐地生活。半年过去了，这位癌症病人非但没有"升入天堂"，检查的结果反而相当乐观。这个事例充分说明祈祷拥有强大的力量，这股力量强劲得超乎人们的想象。难道上帝真的垂青这位教徒，让她逃离癌症的魔爪吗？其实不然。这个结果多半都要归功于心理学上的期望定律。这个病人用祈祷的方式传递着自己的期待，她相信上帝一定能够"帮助"自己对抗病魔。在这种期望中，病人重新鼓起生活的勇气，是这种坚定和乐观的精神让癌症"望而生畏"。

与其说祈祷的力量有多么强大，倒不如说那是期望的神奇力量。美国的维克多曾经在 1964 年为期望写出一个公式：$M=V \times E$。其中，M

表示激励力，指调动一个人的积极性，激发出人的内部潜力的强度；V 表示效价，指某项活动成果所能满足个人需要的程度；E 表示期望值，指一个人根据经验判断某项活动导致某一成果的可能性的大小，即数学上的概率，数值在 0~1。也就是说，只有不断地期望，才能激发体内强大的能动性和积极性，从而让事情顺利地发展、完成。

无独有偶，法国心理学家喀麦孔在 1987 年做过这样一项实验：他到一家工厂采访 10 位最底层工作者，也就是流水线工人。这些工人工作强度大，收入却不高，他们的前景一片灰暗。喀麦孔将这 10 个人分为两组。他对第一组的被实验者说："你们每天都要进行祈祷，祈祷的内容就是发大财。"他对第二组的被实验者没有任何要求，他们顺其自然地工作、生活就好。

转眼间，5 年过去了。喀麦孔又一次来到这家工厂，发现第二组的 5 名成员依旧卖力地工作着，物质和精神方面没有任何改善。第一组呢，喀麦孔得知那 5 名工人或辞职、或跳槽，都已经离开了这家工厂。喀麦孔深入调查后得知，第一组的被实验者中有的成为个体业主，有的寻求到了更好的职位。虽然谈不上"发大财"，但是他们的生活质量和工作环境有了质的巨变。

难道真的是"祈祷"灵验了吗？喀麦孔否定了这个说法，他认为第一组的 5 名被实验者的成功全部源于期望定律。由于他们期望发财，期望改善工作和生活环境，所以祈祷着并努力着，最终有了很大改善。

现实生活中的你期望什么呢？是一份体面的工作、每月拥有可观的薪资、幸福美满的家庭，还是其他？别怀疑自己的能力，让我们共同"祈祷"，然后用双手为之不断地奋斗，相信我们的"祈祷"同样会变成现实，一切都会梦想成真。不要怀疑，因为你就是自己的皮格马利翁！

情绪定律——世界上根本没有理性可言

我们每个人都有情绪，或喜悦或哀伤，或沮丧或焦躁。然而，你真的了解情绪吗？大家都知道，情绪就是外界刺激身体发生的知觉变化。据心理学家研究，自然界的动物都有情感，人作为高级动物，其情感最为丰富。很多情况下，人的判断和决定会受到情绪的影响。可以说，情绪在一个人的生命中扮演着极其重要的角色。

"这个人太暴躁了，简直没有理性！"这是生活中一个真实的抱怨场景，也是值得我们思考的一个场景。何为理性？为什么理性和情绪总会扯上关系？这一切还要从情绪的主要特征说起。情绪的特征为：不分是非，并且持续时间短暂。有时候，情绪会累积，成为"不在沉默中灭亡，就在沉默中爆发"的经典演绎；而有的时候，情绪稍加疏导就会快速消散。美国心理学家詹姆斯曾经说过："人并不是因为愁了才哭、生气了才吵、怕了才发抖，恰恰相反，人是因为哭了才愁、因为吵了才生气、因为发抖了才害怕。"这就意味着，也许人很有理性，但是这个"理性"的前提也会受到情绪的影响。"理性地思考""理性地分析""理性地做事"本身就是一种情绪状态，这就是心理学上著名的情绪定律。所以说，不要相信理性，在某种程度上讲，它也是情绪的附属品，也许这个世界上根本没有理性可言。难道你不相信吗？好吧，下面这个例子也许能够说服你。

艾玛是一个温柔贤淑的女性，在别人眼里她永远那么端庄，那么典雅。无论发生什么事，她都能够平和面对。

周五下午，大家都在期盼着下班铃声的响起，准备好好度过一个美妙的周末。正在这时，主管走进办公间，宣布了临时加班的消息。顿时，办公间内怨声载道。可是主管非但没有解释加班原因，反而说出了一些激化矛盾的话语，大家感觉心中的小宇宙都在熊熊燃烧。最后，外号"火药桶"的丽萨终于抑制不住怒火，当场质问主管为什么加班。随着矛盾的激化，两个人争执起来。

随后艾玛站了出来，先将场面控制住，再一一为两个人降火气。除此以外，她还搬出《劳动法》的法规来维护自己和其他员工的合法权益。听了艾玛理性而又冷静的一番话语，主管哑口无言。最终，艾玛和同事们取得了胜利。

看到这个结果，丽萨红着脸对艾玛说："艾玛，你真棒，什么时候都能那么理性。我就不一样，还没说两句就会急躁，不但没能解决问题，反而将事情搞得很糟糕。"

艾玛微微一笑，说："傻丫头，世界上哪有什么真正的理性啊。其实听到加班的消息，我也很愤怒。但是我知道，愤怒帮不了我。于是我对自己说一定要冷静，一定要冷静。当负面情绪转化为积极状态时，我们的一举一动自然变得很'理性'了。"

"哦，原来是这样。没想到'理性'竟然是积极情绪特征的表象，看来我要学习的太多了。"丽萨若有所思地说。

的确，人是百分之百的情绪动物，不管大脑做出怎样的判断，它都在情绪的管控下。我们所谓的"非理性"不过是负面情绪的表现，而"理性"则是积极情绪的显著特征。所以当我们被消极情绪弄得手足无措时，记得转化一下不好的情绪，在心中对自己说："换个角度看问题，换种方式思考问题。"如此一来，"理性"就会接替"非理性"的位子。

吸引定律——专注的人才有魅力

有人说吸引力是一种看不见、摸不着的能量，宇宙间的吸引力引导着所有星体有规律地运转。正是吸引力的作用，46 亿岁的地球才得以正常地运转。抛开大的方面不说，就是在日常生活中，吸引力也无处不在。

1907 年，一个叫作布鲁斯·麦克莱兰的人著成《想象力带来富有》一书。他在书中形象地阐述出"你是你所想，而非你想你所是"的观点。这个观点与后来的吸引定律不谋而合，可以称之为"吸引定律的前身"。那么，吸引定律具体指的是什么呢？当人的思想专注于某一领域，就会被这个领域有关的人、物、事特别吸引，吸引定律就此产生。它向世人们昭示：你相信什么，就会特别关心什么；你关心什么，什么就会出现在你身边；出现在你身边的事情在发展的过程中，你又会千方百计地证明自己原本的想法有多么正确。也就是说，所有事情都是相互吸引，一环扣一环地发展着。

生活中，也许我们会有这样的经历，你只有特别关注某件事情，这件事情才能被你做得更加精彩。这里有一个例子：

才气十足的琳达对文字一直有着一种特殊的感情。从认识字开始，她就喜欢独自沉浸在书籍的海洋中。

上了小学，对文字的关注使琳达成为班里的写作高手。她的每篇作文不但会在班级里发表，老师还会把它当作范文，组织同龄孩子向她学习。

文字与琳达仿佛有着玄之又玄的缘分。慢慢地，琳达长大了，她成为校园里的文学青年，也如愿地考入北大中文系。毕业后的琳达放弃了很多大公司的邀请，成为某出版社的编辑。

见过琳达的人都会为她的魅力所折服。而问到何时她最有魅力，大家异口同声地说："迷恋文字的琳达拥有无与伦比的魅力！"

和琳达一样，生活中我们能看到很多关于吸引定律的事例。比如说一个人喜欢读书，那么作者的最新消息、新书发布会的情况等，他就会一直关注。吸引定律如同一块神奇的魔法石，深深地吸引着相同的思想、相同的人物、相同的事物和相同的生活方式。而吸引的同时，人们必须专注。一个专注的人，能够把自己的所有精力和时间都放到所要完成的事情上，从而最大限度地挖掘自身潜能，最大限度地发挥积极性，最大限度地提高创新能力，最终实现自己所描绘的宏伟蓝图。

笑星周星驰曾说："我相信要做好一件事情，首要条件就是专注和投入。以我为例，我喜欢演不同角色，我就全身心投入，用自己的全部精力来饰演这些角色。"如今兼任导演、编剧、演员的周星驰事业发展得顺风顺水，正如他自己所说："我的成功源于做事专注。"你想成功吗？你想成为最有魅力的人吗？如果答案是肯定的，那么就要懂得运用吸引定律，用专注来为自己打造一张独一无二的魅力名片！

辐射定律——辐射的不仅是射线

心理学上有一个著名的定律，叫作"辐射定律"。它特指当你做一件事情的时候，受影响的并不止事情本身，你的行为还会辐射到很多相关领域。比如说，当你在办公室高谈阔论的时候，也许就会影响其他同事的工作效率；或者当你在大街上随手扔一个垃圾，你有没有想过整体环境的卫生遭到了破坏？我们仔细分析一下，你的话题也许会引起某些同事的关注；可是对于那些专心做事的同事，这无疑就是噪声，使之不能安心工作。同样的道理，也许你认为地上的一个小小的纸屑微乎其微，可是干净的地面如同长了难看的斑点，不仅过路人看到后心里不舒服，而且还给环卫工人增添了不必要的工作量。

这里所说的都是生活上或职场上的一些小细节。这些细节正是因为微小，所以才没有受到重视。而恰恰是这些细节，让"射线"辐射至周围，影响着其他人、其他事。

唯物主义辩证法论述说，事情的正反两个方面相辅相成，所以要一分为二看待，不可分割。辐射定律既然有消极的一面，自然也有积极的一面，不信你来看：

安娜和丹妮是一对孪生姐妹，两个人长得十分相像，以至于她们的父母都时常将她们认错。

不过，和她们姐妹共过事的人不难发现，两个女孩子的做事风格大不相同。以同一件事情为例，安娜总是事先进行周密的考虑，然后着手去做；妹妹丹妮则不同，她不管三七二十一，抄起来就大干一气，往往事情进展到一半就停在了僵持状态。怎么办呢？姐姐安娜看在眼里，急在心上。

有一天，安娜在无意中看到了一本有关心理学的书籍，里面的内容让她受益匪浅。于是，安娜开始有意无意地与妹妹共同完成事情。开始的时候，姐妹俩形成鲜明的对比。但是随着合作的深入，妹妹仿佛被姐姐同化了一般，做事情也开始认真动脑，所有事情都有条不紊地按计划执行。

难道安娜给妹妹服用了什么灵丹妙药？如果你这么猜只能算说对了一半。安娜并没有直接提出意见，而是用自己的实际行动影响着妹妹。她那理性的做事方法就像无数条射线辐射到妹妹的眼睛、大脑里，丹妮在辐射之下迅速地成长了。

现在，姐妹俩的做事风格都是理性和干练，看来大家想要分出谁是姐姐，谁是妹妹，还真得下一番苦功夫呢。

正是在姐姐的辐射之下，妹妹的做事风格受到了相当大的影响。想必大家心里在想，如果这种良好的"射线"能够辐射到自己身上该有多好。但是反问你一句，你有没有想过让自己成为一个正面的辐射源，从而积极地影响他人呢？不要着急否定自己，成为辐射源并没有多么复杂，也许一件小事就能成为辐射他人的"射线"。比如说看到公共场所的水龙头正在滴水，走上前去将它关紧，这件事情只是举手之劳，却可能使别人在心中形成节约用水的意识；再比如说，如果你工作勤勤恳恳、兢兢业业，那么这种工作作风多少会带给粗心的员工一些警示。

既然辐射定律确确实实存在，我们就不能小看它的威力。研究透关于辐射效应的心理特征，你也可以有的放矢地成为辐射源或者被辐射的受益者。还等什么？让我们马上行动吧！

暗示效应——孩子总是容易受骗

心理学中有一个现象被称为"暗示效应"，比如说一个激励的眼神、一个细微的动作，能够给予他人暗示的力量。在某种特定的条件下，或含蓄或抽象的诱导方法会对人们的心理和行为产生影响，从而使对方按照这种方式去接受某个观点或者行动。这种思维模式、行为举动与暗示者的期望相符合的现象就是暗示效应。通常来说，孩子比成年人更容易接受暗示，因为他们的认知能力处于初级阶段，思想比较单纯，做事方法也没有形成定式。在生活中，我们总能看到成年人用抽象诱导的暗示方法使孩子产生暗示效应。

一块美味的蛋糕、一句鼓励的话语就能够对孩子起到极大的暗示作用。如果在集体场合对其中一位小朋友进行表扬，"看，这位小朋友歌唱得多好听啊"，此话一说出口，那么对其余小朋友就会有一定的暗示效果，他们立即就会更加卖力地唱歌。也许你会认为，小孩子真的很容易受骗。换个角度想想，我们何尝不像小孩子一般被动地接受外界的暗示，并由其左右自己的思想、行为呢？

巴甫洛夫认为："暗示是人类最简化、最典型的曲条件反射。"正是因为出于人类的本能，人们更容易受到暗示效应的影响。罗杰·罗尔斯的故事形象地表明了这一点：

罗杰·罗尔斯是纽约第五十三任州长，也是纽约历史上第一位黑人州长。在一次记者招待会上，有记者采访他："州长您好，请问您是如何走上从政道路的？"

州长笑了笑，回答："这一切都要感谢一句暗示的话语。"

原来，罗杰·罗尔斯出生在一个贫穷的家庭，他所居住的环境十分混乱，到处都是偷渡者和流浪者。在那儿居住的孩子很容易染上偷盗、斗殴等种种恶习，很少有人在成年后得到一个体面的工作。

1961年，一个名叫皮尔·保罗的人担任新校长。当他发现学校里的孩子不但不和老师合作，而且还旷课，下定决心要做一番改革。皮尔·保罗想了很多办法，可是这帮孩子软硬不吃。不过，在与孩子们接触的时候，校长发现了他们的一个秘密，就是喜欢相互看手相。于是，每到课间时，都会出现校长为学生看手相的奇特场景。

那时的罗杰·罗尔斯是个顽劣的孩子，可是校长握着他的小手说："你一定会成为将来的纽约州长，不信咱们可以日后看。"从那以后，罗杰·罗尔斯在幼小的心灵中埋下了一颗成为州长的种子，并且一直为之努力。

在之后几十年里，罗杰·罗尔斯心中总会想起校长说的"你一定会成为将来的纽约州长"的话语，这句话一直伴随着他成长。到了罗杰·罗尔斯51岁的那年，老校长的话应验了，他真的成了纽约州长。

其实，我们和罗杰·罗尔斯一样，经常会遇到暗示效应，或是暗示别人，或是被别人暗示，或是自我暗示。不过，随着年龄的增长，我们从最初那个"容易受骗"的孩子长大成人。这个时候，我们发现暗示就是一把双刃剑，既可以帮助自己，又可能在不经意间划伤自己。既然我们已经不是小孩子，那么就应该学会运用暗示效应积极的一面，避免消极现象的发生。身为成年人的你如何认为呢？

巴纳姆效应——每一分钟都有上当者

1948 年，著名心理学家伯特伦·福勒和学生们做了这样一个实验：

首先，他给了学生一份个性测试题，当学生完成后便能得到一份"根据其所填写的个性测试题得出的个人性格分析"。然后，学生们根据个人性格分析的准确与否在 0 ~ 5 分进行打分。

结果，学生们打出的平均分数竟然高达 4.26 分。并且，学生越是相信这份个人性格分析的针对性、权威性，其打出的分数就越高。当然，个人性格分析中正面描述的比率也与学生们打出的分数呈正比。然而，每一位学生拿到的所谓"针对性极强的个人性格分析"是完全一样的。它所描述的不过是人类普遍的性格特征而已，而且它的描述很是模棱两可。

从实验中，福勒发现人们普遍具有"将一种笼统的、一般性的人格描述作为对自己的准确描述"的心理倾向。此后，人们便将人类的这种心理倾向称为"福勒效应"。

而著名魔术师巴纳姆更是善于利用人们的这种心理倾向。他将自己的节目尽量大众化，尽量将每个人都期待出现的元素融入节目中，从而做到"每分钟都有人上当受骗"，而他也因此成了风靡世界的魔术师。

显然，巴纳姆深谙心理学智慧，他如此出色地运用了人类的这种心理倾向，因此福勒效应也被称为"巴纳姆效应"。

巴纳姆效应的存在，让我们很多时候都容易被误导，不能准确地认识自我。比如，生活中，很多人因为那些汇集了人类普遍性格特点的、模棱两可的性格分析而相信星座，进而对星座速配、星座运势预测等也深信不疑。当星座运势预测说今天幸运指数极低时，他们便会没精打采或者惴惴不安，然而所谓的幸运指数低是完全没有科学根据的。即使最后真的很倒霉，也完全是因为自己不良的心态所致。

因此，我们要尽量避免被巴纳姆效应所误导。对此，心理学家们给出了以下建议：

第一，要学会面对自己的缺陷。人都有更愿意被赞扬、面对自己的优秀，而不愿意被批评、面对自己的缺陷的倾向。这让我们不能正确地认识自己，也容易被那些好话连篇、模棱两可的信息所误导，因此，我们需要有意识地提醒自己要正视自己的缺陷。

第二，提升自己的判断力。拥有卓越的判断力便不容易被误导，然而卓越的判断力是建立在充分而准确的信息的基础之上的。因此，在我们做决策之前一定要收集尽可能多的、全面的信息，避免偏听偏信。

第三，通过他人来认识自己。以他人对我们的评价，或者以他人为参照物来认识自己是一种有效地认识自己的方式。但值得注意的是，在此过程中，你所选择的那个"他人"是至关重要的。无论是与不如自己的"他人"做比较，还是拿自己的缺陷与"他人"的优点比，都是失之偏颇的。因此，我们一定要从实际情况出发，选择条件与自己相当的"他人"做比较，这样才能给群体中的自己准确定位，进而客观地认识自己。

第四，积极地自省。生活中，我们要积极地自省，特别是重大的成功或失败发生的时候，更是我们认识自己的好时机。重大事件所带来的经验和教训，有助于我们发现自己的优势和不足，进而更加全面地了解自己。

过度理由效应——我们可以让任何事都变得合理

生活中，如果亲友帮助了我们，我们会觉得是理所当然的，因为"他是我的亲人，血浓于水""他是我的朋友，朋友应该帮助朋友"；而当朋友需要帮助时，我们没有及时地给予帮助，我们也会找各种理由将之合理化，如"我知道的时候已经晚了""我的能力有限，不给他添麻烦就很不错了"等。无论遇到什么样的事情，我们总能为自己的行为找到充分的合理化的理由。很多时候这样做并不好，但我们按照个人心理本能下意识地这样做了。心理学家们将这种现象称为"过度理由效应"。那么，过度理由效应到底是一种怎样的心理现象呢？

心理学家指出，每个人都有力图使自己和别人的行为看起来合理的心理本能，因此人们总是在为他人或自己的行为寻找原因，直到找到的原因足以解释行为，才会停止寻找。并且，在寻找的过程中，人们总是先找那些显而易见的外在原因，如果外在原因已经很充分，那么人们往往就不会再去寻找内部的原因了。只有在外在的、浅层次的原因不足以解释行为的情况下，人们才会继续寻找内部的、深层次的原因。这就是过度理由效应。

显然，过度理由效应的客观存在，对我们认识自我、他人、外界来说是一种障碍。比如，当我们迟到时，我们首先找到的原因是"路上交通堵塞太严重了""电梯坏了，而公司竟然在 18 层"等外在的、浅层次的原因，而不会发掘到"我没有超前意识""我时间观念欠缺"等内部的、深层次的原因。其实，那些外在的、浅层次的原因与其说是原因，不如说是借口。这些借口让我们的"迟到"合理化，而我们的自省却止于此，这样我们如何能认识到自己"没有超前意识""缺乏时间观念"的不足呢？

再比如，亲友关爱我们，帮助我们，我们为其寻找的理由是"血浓于水""朋友就该帮助朋友"等这些肤浅的原因，而没有意识到那是因为"爱"这种深层的原因。因此我们就不能更加清楚地认识到亲友对我们的情谊，也会造成我们的幸福感、感恩等积极心理逐渐丧失。

由此可见，为各种行为、事情找到合理的理由固然是人的一种心理本能，但如果仅止于外在的、浅层次的原因，我们往往会陷入给我们带来消极影响的认知中。因此，我们要有意识地提醒自己深入发掘外在理由背后的原因，不仅要从外部找原因，更要从内部找原因，并且要多层次地找原因。然后我们将各种原因进行比较，进而否定那些肤浅的、会给我们带来消极影响的原因，而肯定那些有深度、能给我们以积极影响的原因。

然而，如果没有充分的内部原因，连充分的外在的原因我们也找不到的时候，又会如何呢？心理学家指出，对某一行为，如果无法找到充分的外部原因，人们往往就会停止这一行为。

一个小乡村中，一位老人习惯在午饭后睡午觉，养精神。然而，有一群顽皮的孩子每天都在老人的屋子附近追逐打闹，吵闹声让老人根本无法入睡。老人也曾对孩子们提出过严厉的批评，但那一点用也没有。后来，老人想出了一个办法：当孩子们再在他休息的时候吵闹时，他便给声音最大的孩子1美元作为奖励。这种奖励持续了一段时间，但是突然间老人就终止了这种奖励。令人想不到的是，随着奖励的终止，孩子们再也不吵闹了。

老人是颇具心理学修养的，他巧妙地运用了过度理由效应。一开始，虽然老人批评孩子们，但孩子们总能找到充分的外部理由，将自己的行为合理化，如"不是我们吵，是老人太挑剔，其他人并没有说我们吵，不是吗""谁中午睡觉呢？白天不正是工作和玩耍的时间吗"等。然而，老人通过给孩子们奖励，将孩子们吵闹的充分的外部原因变成了"奖励"，因为"奖励"显然是比"老人挑剔""中午是玩耍的时间"等原因更加明显的外部原因。后来奖励没有了，外部理由不充分了，孩子们便自然而然地停止了吵闹的行为。

从中我们也能获得一点启示：其实，那些有助于我们的行为最好不要建立在外在原因的基础上，因为外在原因是不稳定的。相反，如果能以内部原因为基础，那些有助于我们的行为才能有效地持续下去，比如，纠正自己的认知，不要只为了钱而工作，要为了兴趣、爱好、理想、实现自我价值而工作。

墨菲定律——为什么你总是在犯错?

1949 年,一位名叫爱德华·墨菲的工程师参加了美国空军进行的 MX981 实验,这个实验的目的是研究"飞行员对急剧的速度变化的承受能力"。实验准备工作中有这样一项:将监控器装在飞行员的身上,以便研究人员能够获得飞行员们对加速度承受能力的数据。

实验开始之前,工程师们认真检查了所有的环节,确定无误之后实验开始了。然而不知何故,研究人员竟然收不到任何监控数据,这让所有的工程师感到困惑。最后墨菲发现他的一位同事"非常认真"地把监控器内的电池装反了!墨菲幽默地说:"如果有两种或两种以上的途径去做一件事情,只要有一种方法是错误的,那么一定会有一个人这么去做。"这句话后来演变成了心理学上著名的墨菲定律。

什么是墨菲定律呢?墨菲定律的主要内容是这样的:如果一件事有出问题的可能,无论这种可能性多小,它都一定会发生。墨菲定律如今在西方世界是广为流传的俚语。人们以墨菲定律为基础演变出了很多变体,比如"如果一件事可能会出错,那么这件事一定会出错""东西非常好,但是没有用""不要想能教会猪唱歌,这样不仅徒劳,还可能让猪不快乐"等。

墨菲定律阐述的并不是错误概率问题,它侧重强调的是偶然性中的必然性。在现实生活中,墨菲定律具有非常广泛的应用意义。比如,我们晚上睡觉可能会忘了锁门,无论你是多么谨慎的人,只要这种可能存在，这种事情就会发生；女士们漂亮的高跟鞋鞋跟可能会折断，只要这种可能存在，你就一定会碰上这么一次；你在挤地铁的时候可能会被挤掉鞋子，只要这种可能存在，你就也会遇到这种倒霉事儿……类似的情况非常多。总而言之，一件事情只要有可能发生，那么它就一定会发生。

墨菲定律告诉我们，在做任何事情的时候都不能存在侥幸心理，俗话说"不怕一万，就怕万一"，就是这个道理。因此，对于我们而言，将一切错误遏制在发生之前是最为理想的状态，这也是墨菲定律给人们的一个启示。

计算机行业的"蓝色巨人"IBM对待所有可能发生问题的事情，都会做两手准备。有一次，IBM邀请了迈克尔·梅尔肯为IBM的员工做培训演讲。IBM的代表到机场接到梅尔肯之后，随后开车到会场。细心的梅尔肯发现他所乘坐的车子后面还有一辆IBM公司的专用车，他向接待他的代表提出了自己的疑惑，IBM代表表示因为害怕这辆车突然抛锚，为了保证他准时到达会场，所以他们准备了两辆车。到了布置整齐的会场，梅尔肯发现IBM的员工为他预备了两个话筒，以防止他开始使用的那个麦克风失灵。事实上，IBM的准备工作还不止如此，他们还悄悄地准备了另一位员工培训演讲人！IBM的做法正是基于墨菲定律的启示。

在实际生活中，任何事情都不能保证一帆风顺，而意外往往会让没有准备的人们吃尽苦头。因此，为了避免受意外的侵扰，我们在做事情之前应该尽量将那些可能会发生的意外排除在外，并且考虑好一旦意外不可避免地发生之后的解决措施。

霍布森选择效应——你不需要一条道走到黑

　　你是不是也经常为一件事情左右为难？明明自己是有选择的，可是为什么当自己按照心里预想的做出选择之后，结果却总是没有想象的那么好呢？答案只有一个，你的那些选择本身就很烂！

　　为什么会这样？因为我们陷入了霍布森选择效应的怪圈。从一开始我们就在心里给自己设定了一系列的限制，最后只能选择那个别无选择的"选择"，这就是霍布森选择效应。它来自一个商人的精明算计。

　　霍布森是英国剑桥的一个从事贩马生意的商人。他的马圈里有非常多的好马，而且他给出的价格非常便宜，他做生意的口号是："想买我的马或者租我的马吗？请随便挑选，价格保证最便宜。"看到这么吸引人的标语，很少有人会不心动。而且来到霍布森马圈的人都会发现，他的马圈真的非常大，马匹的种类和数量也非常多，所以来的人无不欣喜万分。可是真正到了买马的那一天，大家就会发现自己高兴得太早了。虽然霍布森的马圈里有很多好马，而且价格也不贵，但是他们最后只能买那些瘦马、劣马和小马。这是为什么呢？因为精明的霍布森将马圈的门建得非常矮小狭窄，并且整个马圈就只有这么一个小门，想要将漂亮的高头大马牵走简直就是天方夜谭。所以大家选来选去，最后只能选那些瘦小的劣马，因为只有这些马他们才能带出去。

　　看，虽然你貌似有很多选择的机会，可是遗憾的是，你却没有选择的余地。如果你不想空手而归，那么很遗憾，你就只能别无选择地选择那些劣马了。其实这是精明的霍布森设下的一个陷阱，后来被管理学家西蒙讥讽为"霍布森选择效应"。

仔细想想，我们是不是也经常陷入自己设定的一些心理陷阱呢？你是不是也经常给自己的心理设限，将自己的思维和选择空间局限得非常非常小，最后当你费了九牛二虎之力做出决策之后，却发现这个决策其实很低级？我们没有认识到，我们的思维因为很多的限制已经僵化。我们认准了那一扇门、那一条路，所以我们经常觉得自己无路可退，于是一条道走到黑，却不知道光明究竟在何方。

这当然是我们认知的一种悲哀，而这种悲哀随时随地都在上演。比如，这个工作实在太烂了，我一天都干不下去了，什么？辞职？那怎么行！辞了职我吃什么？再比如，这个考试我必须过，不然我就死定了，我的前途将一片黑暗！再比如，这个预案必须通过，尽管它实在不怎么高明，可是如果不这样我们就将失去一个大客户，下个季度的任务将无法完成……这样的状况你是不是觉得似曾相识？我们以为我们只有一个工作机会，我们以为我们的前途只有一条是光明的，我们以为公司只有一个客户，失去这个客户公司就会倒闭……

其实，这一切都是我们"以为"而已，因为我们的思维被"马圈的门"挡住了，所以我们让自己的生活变得别无选择。可是，只要跳出来你就会发现，其实情况并不是你想的那样，我们还可以有更多更好的选择。你如果能认清这一点，那么很快你便能发现一个全新的自我，便会让自己摆脱霍布森选择效应带来的困境；你会发现自己的思维变得越来越活跃，不管是生活还是自身都有很多我们没有发现的面，这些面正是那个新的自我。对自我开发得越多，你的人生越精彩。还等什么，赶紧把老霍布森的那个马圈门拆掉，让思想的骏马自由驰骋吧！

乞讨效应——你是爱哭的孩子吗？

不管你对那些浑身脏兮兮的乞丐厌恶到什么程度，当你看到他们满含晶莹泪珠的双眼时，相信你心肠再硬都会莫名地被刺痛。因为你知道，有一个人现在需要你的帮助，他在乞求你，好像全世界只有你才能拉他一把。所以，在通常的情况下，大多数的人会心软。可能你会抱定"眼不见心不乱"的漠视态度，让自己狠下心肠不去看他们可怜的姿态和眼神，然后大踏步地飞奔而去。实际上，你飞奔的步伐，在很大程度上是为了摆脱自己没有帮助一个可怜人而带来的不安。

为什么我们会在一开始产生怜悯，又在最后产生不安呢？因为我们被对方可怜巴巴的样子打动了，我们很可能会掏几个铜板给他，尽管心里想着自己可能被忽悠了。这就是乞讨效应带来的结果。因为对方很善于"乞讨"，所以你也就忍不住想要"给予"。

其实这一状况并不仅仅适用于乞丐。仔细观察我们周围的那些人，你会发现那些善于"乞讨"的人，总是会得到别人更多的"施与"！

看看公司新来的两个小女生的不同吧。小甲文静内向、不爱说话，让人感觉有些许清高；小乙活泼开朗、嘴巴很甜，总是把人逗得很开心。这两个新人都对公司的业务一窍不通。但是没过多久小乙对自己的工作已经上手，而小甲还在吃力地摸索，这是为什么呢？因为小乙会"乞讨"呗！你看，小乙又"可怜巴巴"地跑过来，亲热地对你说："Mary 姐，拜托拜托，这个报表怎么做嘛？我已经被搞得头昏脑涨，你这个救世主就发发慈悲救救我吧！"这时，虽然你自己也有事情要做，可是又经不起小乙的央求，只好先放下手里的工作，以最快的速度指导小乙应该怎么将报表漂亮地完成。而那边的小甲呢，当你用余光扫过的时候，你会发现她已经对着报表急得汗珠子直往下掉了，可是依然纹丝不动，没有要求助的意思。想想看，大家现在都很忙，谁会浪费自己的时间去主动帮助这位同样"可怜"的小妹呢？恐怕大家忙得连看她一眼的时间都没有吧！

很显然，小甲是一个不善于"乞讨"的人。不管她是出于内向不愿意求人，还是出于不想麻烦别人自己搞定就好的心理，总之她并没有利用好身边的资源。只懂得埋头苦干，即使能力再强也是容易走弯路的。会"乞讨"的小乙就不同了，她不在乎放低自己的身段，所以能很轻松地从别人那里讨来实惠，这样不仅节省了自己的精力和时间，也让自己很快进入了角色。

在这里，"乞讨"意味着互动和沟通，适当的"乞讨"会让我们少走弯路。俗话说："爱哭的孩子有奶吃！"虽然爱哭的孩子并不一定被所有人喜欢，但是至少他们懂得争取，他们让别人注意到自己的需求。于是在力所能及的情况下，大家还是很乐意去满足他们这种需求的。至于安静的孩子，虽然人们会说他们的确很乖，可是也往往容易忽略他们的需求。从这方面而言，他们其实还是很"吃亏"的！

你究竟是爱哭的孩子还是安静的孩子呢？如果你太过封闭，而不善于"乞讨"，那么不妨试着改一改。这不是要你放低身价，去乞讨嗟来之食；而是让你别那么固执，你要懂得自己争取。乞讨效应不是说了嘛，人们善于争取，善于自我表现，善于主动沟通，才能得到别人的关注或同情，才会使他们对你伸出援手。懂得变通和利用资源是一种能力，善于发挥这种能力会成功得更快！

第二章 交际心理学：小心生活里的心理黑洞

　　这是一个人与人的社会，人的社会就是心与心交流的社会。然而，人总是不同的，心当然也就不同了。想要跟别人成功交往，必须学会洞察人心，熟知交往的潜规则。要知道"人心隔肚皮"，生活当中的心理黑洞无处不在。如果你不想掉进"洞"里，那就要先把这些"洞"都找出来，然后做好记号，随时提醒自己：前方危险，小心慢行！这当然是聪明之举，因为这样你就不会走到别人的雷区，也保障了你自己的安全，不用担心会被"雷"炸到啦！

拆屋效应——想开天窗就要先拆房顶

鲁迅先生不仅是我国最伟大的作家之一，更是一个对心理学颇有研究的专家，有文章为证。在《无声的中国》一文中，鲁迅先生曾有这样一段描述："中国人的性情总是喜欢调和、折中的，譬如你说，这屋子太暗，说在这里开一个天窗，大家一定是不允许的。但如果你主张拆掉屋顶，他们就会来调和，愿意开天窗了。"

鲁迅先生的文章嬉笑怒骂，虽是再严肃不过的文章，但字里行间总带着些幽默，在这幽默之中，我们总能领悟到深刻的道理。比如这段关于如何成功开天窗的高论，不但形象地描述出了中国人的性格特点，更揭示了人类所共同拥有的一个心理特征。后人将鲁迅先生所描述的这种心理学特点，称为"拆屋效应"。即先提出很大的要求，接着提出退而求其次的较小的要求，从而使大家接受的一种心理效应。

拆屋效应的产生很可能是由于以下原因：在面临不希望发生的事情时，人的内心会有两种心理机制同时启动，一是设法采取一些措施避免事情的发生；二是开始调整内在的心理矛盾，准备接纳不可改变的事实。如果经调整进入平衡状态时，一个新的与内在平衡状态相近的选择出现，人们就很容易接纳。

我们拿两种情况做一下对比来看。第一种是先提出一个不合理要求，再提出一个相对较小的要求；第二种是直接提出这个较小的要求。比较哪种情况下的较小要求更易被接受。心理学家通过实验表明，第一种情况下提出的较小要求更容易被人们所接受，而第二种情况下直接提出的较小要求则很难被接受。这是因为，在通常情况下，人们不太愿意两次连续地拒绝同一个人，所以当你的第一个无理要求被拒绝后，拒绝者内心会对你产生一种歉疚感，并在两种心理机制的作用下，开始寻找心理平衡点。于是，在你接下来提出一个相对较易被接受的要求时，拒绝者几乎会立刻满足你的要求，而不太愿意连续两次摆出拒绝的姿态。

由于几乎所有人类——不限于鲁迅先生所专指的中国人，都具有这种心理机制。所以在与他人交往，尤其是想要别人答应自己做某件事情时，拆屋效应具有非常强的实用价值，而且老幼咸宜。

比如，笔者8岁的侄子就最善用拆屋效应。他每次去超市都必狮子大开口，软面包、QQ糖、薯条、果冻、玩具车、积木等。有时他问都不问一声，先把购物车塞得满满的再说。结账前，奶奶自然不同意给他买那么多，于是祖孙二人展开谈判，东西一点一点被拿出购物车，但最后总会剩下三四样被买下来，然后祖孙俩都满意而归。

拆屋效应在谈判中是最常被用到的有效技巧。谈判专家常常在谈判一开始就抛出一个看似无理、令对方难以接受的条件。当然，这个条件毫无疑问会被对方一口回绝掉，并指责该谈判者没有谈判的诚意。而实际上他们当然不是没有谈判诚意，只是在运用拆屋效应罢了。于是，在接下来的谈判中，他们的要求一点点降低，对方的接受度也就在不知不觉中一步步提高，最终，以谈判专家想要的结果达成协议。

最重要的是，即使全世界的人都了解拆屋效应，拆屋效应依然有效，因为它是对人类心理本质的总结。所以，如果你的一个要求别人很难接受，那么在此之前不妨试试提出个他更不可能接受的要求，或许你会有意外的收获。

登门槛效应——得寸进尺有人爱

登门槛效应又被称为"得寸进尺效应"，与拆屋效应可谓异曲同工，遥相呼应。拆屋效应是为了让人接受一个条件而先提出一个更为离谱的条件。登门槛效应则反其道而行之，是为了让人接受一个较难的条件，而先提出较为容易被接受的条件。

登门槛效应由美国著名社会心理学家弗里德曼与弗雷瑟共同提出。在 1966 年，这两位心理学家做了一个实验。他们让助手分别到两个居民社区劝人们在自己的房前竖一块牌子，上面写有"小心驾驶"的标语。一个助手到了居民社区后直接向社区居民提出了这项要求，并且言辞恳切。但不幸的是，他被绝大多数居民拒绝了，接受他请求的人只占全部居民的17%。另一位助手到达另一个社区后，没有直接向居民提出竖立牌子的请求，而是先请居民们在一份赞成所有司机都应安全行驶的请愿书上签字。这个请求相较于竖立标语牌显然要小得多，而且很容易做到，于是绝大多数居民都在请愿书上签了字。

几周之后，这个助手再次来到社区，向居民们提出了竖立标语牌的请求。结果与上一个居民社区的反应大不相同，这个社区里，有55%的居民同意竖立标语牌。由此，弗里德曼和弗雷瑟得出结论：一个人一旦满足了他人的一个微不足道的要求，为了避免认知上的不协调，或想给他人前后一致的印象，就有可能满足他人更大的要求。这种现象，犹如登门槛时要一级台阶一级台阶地登，这样更容易顺利地登上高处。

世界上的大多数事情都不能够一蹴而就，与人交往，向人提出要求，更不能想着一蹴而就。比如你是个电脑白痴，偏偏电脑瘫痪需要重装系统。这时候你打电话给一个电脑高手，如果你劈头就是一句"告诉我怎么重装系统"，这时候对方的反应大概会是沉默几秒钟，然后结结巴巴地说："这个问题有点儿复杂。"如果你换个方式，问对方："重装系统有哪几个主要步骤啊？"对方则肯定能不假思索地回答你："先设置好启动模式，然后把系统盘放进光驱让它自动安装，然后再装驱动……"接下来你就可以登门槛了，先问他："我要怎么设置我的启动模式呀？"再问："光盘自动安装，是不是我什么都不用管啊？""驱动我该怎么装？"……为了保证自己热心的形象前后一致，对方肯定会一一为你解答。就这样，等他终于感觉到不耐烦的时候，你已经把重装系统的所有问题全部问清楚了，也可以放下电话去实践了。

登门槛效应不仅适用于交际之中，同样也适用于对自身的要求。前几年，在一次万米长跑赛中，一名在当时实力并不突出的选手夺得了冠军。于是记者蜂拥而上，问其夺冠的奥秘。他说："别人都是一次跑一万米，而我一次只跑一千米。"记者不解其意，他解释道："我把一万米在心里分成了十段，每次都以一千米为一个目标。在第一个千米时，我鼓励自己争取在这一千米里名列前茅，结果我做到了；在第二个千米里，我继续鼓励自己，这并不难，所以我也做到了……结果，到最后一个一千米，我依然轻而易举地保持着领先。所以我夺取了最后胜利，尽管我的水平不是最高的。"

俗话说得好，饭要一口一口吃，事儿要一点儿一点儿办，这正是对登门槛效应的最好诠释。无论是对他人的要求，还是对自己的要求，都应该具备"饭一口一口吃，台阶一级一级迈"的心理准备。只有这样，你才能最终吃成"胖子"，才能达到目标。

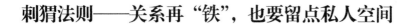

刺猬法则——关系再"铁"，也要留点私人空间

话说有两只刺猬，冬天到了，它们两个想用彼此的体温来御寒。可是，当它们靠近的时候，它们被对方身上的刺扎得疼痛万分，不得不分开。然而为了温暖，它们又一次靠近，结果还是吃了同样的苦头。怎么办呢？最终，两只刺猬在两难的境界中找到了解决办法，那就是双方保持适当距离，只有这样，它们才能够过得平安、温暖。

通过这两只刺猬的故事，我们不禁陷入深深的思考之中。生活中的大家何尝不像刺猬一样，每一个人都需要与人接近，与人交往，但是内心深处又都想保留一个私人的空间。这个私人空间仿佛有着铜墙铁壁，根本不允许任何人侵犯。心理学家通过多年的研究，将人的这种心理特征称为"刺猬法则"。

刺猬法则其实就是人际交往中的心理距离效应。我们都知道，虽然人和人之间都是相互需要，同时也相互帮助、扶持着，但是只有保持适度的距离才能彼此保留私人空间，产生安全感和信任感。在人际关系中，怎样保持距离是一门高深的学问。美国西北大学心理学教授霍尔经过大量研究得出这样一个结论：人际关系中的距离相当于度。换言之，只有保持好交往的频率、距离和尺度等，才能拥有良好的人际关系。

苏珊走出象牙塔后，怀揣着沉甸甸的梦想来到陌生的城市。初来乍到的她感觉异常的孤独，没有人和她分享喜悦，也没有人与她共担伤悲。在这个陌生的城市中，她感觉自己像是被冰封了一般。

苏珊永远也忘不了李斯的微笑，就是那个不同寻常的笑容，如暖阳一样融化着苏珊的心房。慢慢地，两个女生越走越近，除了办公室内外的事情，她们也开始发表极其相近的个人观点。

随着共同话题的增多，两个人一同上下班，一同出游，一同用餐，一同逛街。那段时间里，苏珊和李斯形影不离。

可是没过多久，情同姐妹的两个人发现了对方身上的"瑕疵"。开始，两个人互相包容着，可是最后矛盾还是爆发了。事件的导火索只不过是一些微不足道的小事情，可是两个人却用尖酸刻薄的言语攻击对方。因为了解得深，所以伤害得重。最终，两个女孩毅然结束了相互牵制的关系，其中的伤痛只有她们自己知晓。

俗话说："风调雨顺好年景。"对于一块地而言，雨下多了会涝，雨下少了会旱，不多不少才是最合适的度。自然万物如此，人与人的交往亦是如此。正如同刺猬法则，合理的距离是保持双方良好关系的必要条件。为什么关系如此"铁"的朋友会反目成仇、分道扬镳？关键就在于她们没有给自己和对方留下私人空间，将距离贴得太近。

交往过程中，由最初的相识开始，大家都会将自己最好的一面展现给对方，目的是树立良好的个人印象。随着交往的深入，一旦距离侵犯了对方心中的"领地"，原先的好印象就会立刻荡然无存，留下的只是没有硝烟的"战场"。

是时候学习一点心理学了，也是时候将刺猬法则运用到人际交往之中了。距离是人们维持关系的基本因素，过近的距离会给对方带来压力，而过远的距离则会给人带来冷漠。所以，适度地保持距离相当于为人际关系增加重量级的筹码。只有将距离拿捏得恰到好处，才能够探寻到成功交际的奥秘。这样，你自然能如同鱼儿一般在人际交往的海洋中尽情畅游。

等待效应——欲知后事如何，且听下回分解

听书是一项很不错的娱乐消遣，可是每到事关生死的紧要关头，说书人就会很淡定地拍一下桌子："欲知后事如何，且听下回分解。"说书人都如是说了，听书者会有何反应？大多数人一边回味着前情，一边在心底暗暗琢磨："明天一定得继续听'后事'究竟如何。"说书人很聪明，他将等待效应运用得恰到好处，所有事情仿佛都在自己的掌控之中。这要归功于等待效应的积极作用。

等待效应，顾名思义，就是人们因对某事的等待而产生态度、行为等方面的变化。心理学家指出，等待效应其实就是在巧妙设计一个精致的陷阱，也就是所谓的"悬念"。人们通常会对悬而未决的问题或者事态发展产生浓厚的关切之心。所以说，合理运用心理学上的等待效应既能激发他人的兴趣，又能帮助他人启动思维，一举两得。

既然积极的等待效应有如此之高的功效，那么每天都要与他人打交道的我们是否要在人际交往中合理运用这一心理效应呢？答案当然是肯定的。试想你初次接触某人，使出浑身解数博得对方的初步倾心后，你是继续还是适可而止？也许你会被这个问题搞得一头雾水，可是这个向左还是向右的选择题对你们日后的交往至关重要。如果你选择继续，有两种可能性：其一，对方对你的好感会加深；其二，随着话题的深入，你并不是足够了解你的交往对象，对方可能会因为你一句不经意的话语和一个不小心的动作而颠覆对你的印象，使对你最初的好印象发生负方

向的逆转。想必聪明的人都不想冒险去博得那 50% 的胜率。此时，等待效应是时候出招了。

纵观古今中外成熟的交际家，他们无一例外均擅长运用等待效应。在玩心理战术的同时，这些成功人士不但达到了目的，更重要的是积累了丰厚的人脉关系。如果对方对你初步建立了好感，你的明智之举是点到为止，恰到好处地预约下次见面的时间、地点。此时，对方正处于兴趣很浓的状态，或意外、或可惜地中断继续深入交往，会使他们产生想与你进一步交往的念头。

心理学家做过这样一项实验：首先，请一位善于交际的实验者先取得 A、B、C 三位交往对象的好感，然后在某一次交谈或者约会的时候说："对不起，临时有事，我先告辞了。"伴随着交往对象略带惋惜的心情，三位交往对象或是当场、或是改日都与实验者取得了联系，希望尽快敲定下一次见面时间。很明显，等待效应发挥自身的威力了。

除此以外，等待效应还会涉及人际交往的方方面面。当事态正充满矛盾，或是让人迷惑不解之时，你暂停这一话题，就会给相关方造成一种心理上的焦虑、渴望和兴奋。他们总想打破砂锅问到底，尽快知道谜底。适当制造一些悬而未决的局面，会有利于人际关系的正面发展。

"等待效应帮了我大忙，"每每接受访问，推销大师凯斯都会如此说，"每次和客户约会，我都会在对方很感兴趣的时候委婉中断话题。因为我知道，此时对方的好奇心正在迅速膨胀，之后他们自然会主动找到我，从而非常爽快地与我签约合作。"通过凯斯的"成功经"我们很容易发现，等待效应在人与人交往的过程中占有举足轻重的地位。合理、科学地运用这一心理效应，能在为人处世的时候取得事半功倍的效果。

多看效应——看得越多就越喜欢

心理学家查荣茨做过这样一个实验：他向参加实验的人出示一些照片，这些照片出现的次数不同，有些照片出现一两次，有些照片出现十几次。看完照片后，查荣茨请被实验者选出自己喜欢的照片。结果表明，照片被看的次数越多，就会越被大家喜欢。换句话说，看的次数决定了大家喜爱的程度。这种心理现象就是多看效应。

多看效应，顾名思义就是对越熟悉的东西越喜欢。多看效应是一种心理感受，它普遍存在于生活中的各个地方，包括人际交往。例如：初识一个人的时候会觉得他有些难看，可随着交往次数的增多，看着看着，我们就会认为："这个人不怎么难看，还是很耐看的嘛。"如果你不信，不妨细心留意一下周围的人际环境，自己最喜欢与其交往的人，往往是经常在自己身边出现的朋友。

所以说，与人交往一定要注意频率，多来往不但能增进彼此间的感情，而且还能够让对方发现你身上的闪光之处。这同样是多看效应的威力。

社会心理学家用另外一个实验证实了多看效应在人际交往中的作用。在一所大学的女生宿舍楼内，心理学家随机抽取几间宿舍，发给她们不同口味的糖果，要求她们去其他宿舍请同学品尝。但是有一点要求，那就是只许请对方品尝糖果，不允许过多交谈。一段时间后，心理学家请随机抽取的宿舍女生选出有交往意向的宿舍，这些女孩无一例外选择了走动最多的寝室。所以说，越熟悉就会越喜欢的道理一点不假，它确确实实存在并影响我们与人相处的态度。

你如果是一个足够细心的人，就不难发现这样一个现象：在生活中和职场内拥有高人气的人，大多善于制造与他人接触的机会。通过多见面、多交往、多接触，双方之间的熟悉度就会大大提升，从而产生更强的吸引力。中国有句老话，叫作"远亲不如近邻"，正是这个道理。

约翰是大家公认的交际能手，与他接触不仅能够感觉到安全感和亲近感，而且还会发现他身上有着让人不可抗拒的魅力。难道约翰有什么过人之处？其实不然。他的人际交往"必杀技"就是运用多看效应。他深知越熟悉就越喜欢的道理，制造机会和他人有更多接触。频繁地见面和约会消除了双方的距离感，感情自然进一步升温，人脉也就顺顺当当地积累起来。另外，他经常在上司身边出现，或说出个人见解，或为上司排忧解难，一来二去取得了上司的信任，被委以重任。

约翰的经历充分说明了多看效应在人际交往中的重要性，如果你想拥有好人缘，不妨也多与朋友走动走动，哪怕只是寒暄几句或者小坐一会儿，都能帮助你增强人际吸引力。身居职场多年的你也许正为才华得不到欣赏而感到懊恼，其实不必这样。试着多和同事聊聊天，增多与领导交流的次数，既能够打牢群众基础，又能加深领导对你的认识，你是金子，自然就会闪闪地发出光芒。

当今社会的生活节奏很快，时间成为最为宝贵的东西之一。将多看效应知晓于胸，多运用此效应，缩短见面时间，增加见面次数。如此简单易行的心理战术不但可以让你得到事半功倍的效果，而且能为你节约大量宝贵的时间。如果你想更快、更顺利地促成交往，不妨运用一下多看效应，你一定会受益匪浅。

飞去来器效应——迂回带来的胜利

不知道你有没有玩过飞去来器，它是一种扔出去仍然能飞回来的弯棒武器，用它打人往往会使对方顾得了前就顾不了后。基于这个原理，心理学家总结出飞去来器效应。它的意思是指在说服别人的过程中不去考虑他人心理的规律性，不但收不到预期的成效，而且还会招致不良的后果。反之，如果懂得运用迂回战术，就相当于找到了通往胜利的捷径。

美国社会心理学家弗里德曼曾做过一个关于迂回战术的以家庭主妇为实验对象的实验：他礼貌地请求在这些主妇的家门口挂一块小牌子，以此提醒过往的司机注意交通安全，绝大多数主妇同意了这个请求。过了一阵，弗里德曼又向主妇们提出，想在她们家的院子里竖起一块较大的警示牌。虽然有些主妇显露出迟疑的神情，但是原来答应在门前挂牌子的家庭还是愿意帮助弗里德曼实现竖立警示牌的意愿。

实验结果表明，最初提出比较低的要求，之后再提出进一步的请求，这种方法容易被人所接受，相当于绕圈实现预期的目的。心理学家认为，当人们接受某种信息时，不管是接受还是拒绝都要经历本身的认知过程。如果想顺利说服对方，就要调整自己的立场和接受信息者的态度这二者之间的距离。同样的道理，如果我们在人际交往时懂得合理运用飞去来器效应，就能够得到事半功倍的效果。如果你不信，请看看交际大师玛莎的成功经验：

这是一个近乎艰苦卓绝的交往过程，玛莎想要结识的对象是某公司的高层安东尼。然而，这个人性格孤僻，很少愿意与人交往，一连几次拒绝了玛莎拜访会面的请求，甚至连玛莎的电话也不愿意接听。

如何与对方建立初步的友谊呢？这个看似棘手的问题并没有难倒玛莎。经过多方打听，玛莎得知安东尼有晨跑的习惯。从玛莎得知这个消息的那天起，每日清晨安东尼都能"偶遇"晨练的玛莎。

开始两个人只是点头示意表示问候。慢慢地，安东尼会和玛莎寒暄几句。此时的玛莎并没有急于表现想和对方交往的意愿，而是有意无意地向安东尼请教健身问题。一来二去，两人竟成了无话不说的密友。

玛莎很聪明，她想和对方结交，并没有采用急于求成的手段，而是分阶段、逐步地进行心底的交往计划，最终和安东尼建立起了友谊。

心理学家基于人际交往的特征指出：近者易"同化"，远则易"反向"。也就是说，在人际交往过程中，传递信息，一定要学会迂回。否则，要求过高的时候，会产生强烈的反差，目标对象会对我们所传递的信息产生排斥心理，不但会弄巧成拙，而且还会使事态僵化。

如今的社会人与人之间的交往愈加密切，于是衍生出一门必修的重要课程，那就是人际关系学。时常听到"这个人真麻烦，根本不能说服他"或者"事情很棘手，不好处理"等抱怨的话语。抱怨前你有没有想过，自己为人处世的方法是否正确、是否需要调整呢？到达成功的道路不止一条，如果此路不通，为何"明知山有虎"，却"偏向虎山行"？转个弯，绕条路，依旧可以到达心中的目的地。

改宗效应——好好先生做不得

　　美国社会心理学家哈罗德·西格尔做过一项调查：一个人提出某个自认为十分重要的观点，如果周围出现同意和反对两种声音，只要是提出反对意见的人能够有充分理由说服自己，那么这个人的感情天平就会倾向于"唱反调者"。这个结果充分表现了改宗效应的存在。那么，改宗效应在人际关系中有哪些表现呢？

　　很多人信奉交际要圆滑、八面玲珑的论调，他们认为要想人气飙升，就要做交际圈子里的好好先生。所谓"好好先生"，就是在团队里和稀泥的人，他们的口头禅就是"好，好，好"，无论你说什么，他都会发出赞同的声音。殊不知，由于改宗效应的作用，这种"你好，我好，大家好"的好好先生并不会真正得人心，这类没有是非观念的人充其量就是人们初步交往的对象，人们并不会进一步与之进行深层次交往。

　　"嗯，这个意见不错""你说什么就是什么"，这就是好好先生特里的口头语。不管你说什么，他都会附和，以此迎合你的观点。他心里，奉行着"多栽花，少挑刺"的理论，表面上与人为善，暗地里有自己的一套想法和做法。

　　开始，周围的朋友都认为特里很好相处，可是几次处事之后，大家对他有了新的印象。交际圈的朋友一致认为，特里凡事"好，好，是，是"的态度给大家留下一种他没能力和略为自私的感觉。

特里的一位朋友准备跳槽到一家新的公司，这家新公司发展前景很好，只不过福利待遇没有老公司高，他的朋友陷入去留难以抉择的境地。特里在心中认为朋友在新公司上升的空间较大，但是口中没有那么说，只不过发表了一些模棱两可的观点，最后说："还是看你的决定吧。"朋友没有得到建议，沮丧地走了。这样的事情还有很多，久而久之，朋友们对特里的做事方法就习以为常了，最后演变成视而不见，一行人与他渐行渐远。

特里与人交际失败的原因在哪？其实原因就在于"老好人心态"。心理学家已经明确指出改宗效应对人际关系的负面影响，好好先生的做法在如今的社会根本行不通。相反，那些敢于直言、勇于提出自己观点的人更容易给他人留下良好的印象。所以说，人际交往中不要忽略改宗效应的存在，它无时无刻不在影响着人的心理。从心理学的角度看，好好先生是因为某些习惯或定式思维模式而不愿意得罪人或者担风险。碰到事情，他的心里恐惧不安，害怕不好的事情找上门来。所以，在人际交往中，他们因为害怕失败或者出于其他考虑，不愿意说出带有异议的观点。在这种心态的影响下，他们在任何事情和人物面前都毫无主见，人云亦云。

如今，交际圈有句口号，"做好人，不做老好人"，这句话有一定道理。好好先生表面上营造的一团和气会伤害友情，伤害交往对象，最终也会伤害自己。

野马结局——暴脾气，气死你

非洲草原上，故事每时每刻都在上演。那么，当吸血蝙蝠遇上野马，谁将是胜利者呢？

对野马来说，吸血蝙蝠无疑是个小家伙，即使它们会吸食鲜血，也完全不用放在眼里。然而吸血蝙蝠就是这样的不识趣，竟然叮在野马的腿上开始吸血。起初，野马使劲儿地踢了一下腿，试图把吸血蝙蝠从腿上甩到地上，到时它就可以用蹄子把那可恶的小家伙踩扁了。然而，让野马气愤的是，它竟然失败了，小家伙仍然牢牢地叮在腿上。愤怒的野马开始用更大的力气踢腿，可它还是失败了；接着它再一次用力，仍然没有成功……最后，野马暴怒了，它开始狂奔。遗憾的是，野马在暴怒与狂奔中耗尽了体力，直至死去，也没能把吸血蝙蝠从腿上甩下去。

在吸血蝙蝠与野马的争斗中，似乎是吸血蝙蝠出人意料地战胜了野马。然而，让野马失败，甚至死去的，真的是吸血蝙蝠吗？

动物学家们指出，吸血蝙蝠所吸的血量极少，根本不足以令野马死去，并且吸血蝙蝠也不带毒素，完全不会令野马失控。野马真正的死因是暴怒和狂奔。而心理学家们进一步指出，吸血蝙蝠叮在野马的腿上吸食其鲜血，这一外因并不是野马死亡的原因，而这一外因所引起的野马剧烈的情绪反应才是其死亡的真正原因。

生活中，像野马一样的人并不在少数。很多人碰到一点点不顺心的事就情绪失控，或者暴跳如雷、大发脾气，或者悲伤绝望、自怨自艾。这不仅让事情变得更加糟糕，而且对自己的身心造成伤害，严重的时候甚至可能摧毁自己的人生。这听起来似乎非常愚蠢，但大多数人总是在重复做这样愚蠢的事情。

1965年9月7日，那一天对刘易斯·福克斯来说，是他有望问鼎世界台球冠军争夺赛的一天。从一开场他就一路领先，只要再得几分他便可以实现冠军梦了。

可是这个时候，一个小意外发生了。他看见在主球上落着一只苍蝇，忙挥手想将那只可恶的苍蝇赶走。但是，在他俯身准备击球的刹那，该死的苍蝇又飞了回来。在场的观众开始笑了起来，无奈的他只得再一次起身轰走苍蝇。这苍蝇就像在和他玩捉迷藏，只要他俯下身去，它就会飞回来，现场的观众被逗得哈哈大笑。

刘易斯·福克斯此时感到极为恼火，这只苍蝇让他失去了理智，他不顾一切地用球杆去打苍蝇，球杆在这时却意外地碰到了主球。裁判判刘易斯·福克斯击球，他也因此失去了这一轮的机会。

这个小小的变故让刘易斯·福克斯开始变得急躁起来，接下来的比赛他一直失利，而这给了他的对手约翰·迪瑞一个绝佳的机会。约翰·迪瑞慢慢将比分追了上来，并最终超越了刘易斯·福克斯，夺得冠军。更加不幸的是，比赛过后的第二天早上，因为这次失利，刘易斯·福克斯竟投河自杀了！

显然，导致著名台球选手刘易斯·福克斯死亡的并不是苍蝇，而是其自我情绪管理不当。他陷入了心理学家们所说的"野马的结局"——因芝麻绿豆般的生活小事儿大动肝火，进而对自己造成伤害。在日常的生活中，我们会有各种情绪。我们并非圣人，无法做到心如止水，但我们应该学会控制自己的情绪，应该时时刻刻提醒自己学会调整自己的情绪。

华盛顿合作定律——三个和尚真的没水吃

知道吗？当你的篓子里只有一两只螃蟹时，一定要盖上盖子，否则螃蟹就会以奇快无比的速度爬出篓子，然后溜走；但是，如果你的篓子里有许多螃蟹，你就完全没有必要盖上盖子了，因为即使不盖盖子，螃蟹也一只都跑不掉。只要有一只企图往上爬，其他螃蟹就会纷纷试图攀附在它的身上，或者直接把它拉下来，最后哪只螃蟹也出不了篓子。

这样的螃蟹看起来似乎非常愚蠢，但很多时候，我们人类也一样。就像华盛顿合作定律所揭示的那样——在人际合作中，如果我们不能让自己的心理处于一个良好的状态，那么便会导致"两个人互相推诿，三个人则永无事成之日"的结果。

我们都听过三个和尚的故事：一个和尚有水吃，两个和尚抬水吃，三个和尚没水吃。为什么劳动力越多却越没水吃呢？因为大家都在想着让其他和尚去做事。这就是华盛顿合作定律在作怪了，大家都没把心态和位置摆正，自然只能渴着了！人际交往中，我们之所以能够成为同伴、朋友，往往是因为彼此有相同的目标、相投的志趣。然而，如果我们不能保持理性，任由妒忌、自私等负面心理操控我们，那么我们与朋友结伴而行的效果很可能还不如我们自己单打独斗。

心理学家指出，在人生的道路上与朋友结伴同行，并不是一件简单、容易的事，如果与朋友不能做到心理上的契合，那么最好不要结伴而行。人与人的合作不是简单的个人力量相加，它非常微妙、复杂。如果说每个人的力量是 1，那么结伴而行、合作给我们带来的结果可能是力量变得比 10 更大，也可能是力量变得比 1 更小，而这其中的关键就是心理契合度。

要保证彼此间的心理契合度，我们可以从多方面来努力，至少必须做到以下几点：

首先，开阔自己的胸怀，杜绝妒忌心理。在与他人合作的过程中，表现不如他人是再平常不过的事情。"总是希望自己在群体中最优秀"是人的心理本能，羡慕同伴所取得的成就也是正常的。但是如果任由羡慕变成了妒忌，这时竞争的心理取向就会占据主导，而你与同伴间就会出现以合作之名行竞争之实的情况。这样一来，你们可能就会彼此打压、牵制，合作不如不合作。

其次，彼此间要求同存异。在合作的过程中，人与人之间意见不同是很正常的。我们应该认识到彼此间意见、处世方法等不同的客观性，不要将自己的观点、方式、方法等强加给别人，要尊重他人的选择。而对于彼此都赞同的方面，我们更要拿出积极性，行动起来。

再则，要有大局观以及舍小我成大我的精神。在合作中，难免会碰到自己的利益与大多数成员的利益不符的情况。此时，选择舍弃小我的利益而成就大我的利益才能得到大家的认可，才有利于自己取得未来更加长远的利益；反之，则会遭到同伴的不齿、排斥，甚至被驱逐出合作伙伴之列，而未来那些长远的利益与更加远大的成就也就成了破灭的泡沫。因此，很多时候，舍小我成大我不仅符合高尚的道德标准，而且也符合我们的长远利益，是我们应该选择的。

所以，你看，如果想要大家都有水吃，那就得学会摆正自己的心态。这样，你就会发现其实人多才会力量大。一起打破"三个和尚没水吃"的魔咒吧！

结伴效应——结伴干活就没那么累

我们在工作、生活当中经常会有这样的体会：当许多人一起干活的时候，每个人的干劲都会大增，工作质量也相对较好，而且不容易累；而当一个人干活时往往干劲较小，工作质量相对较差，且特别容易累。为什么搭配干活感觉不那么累呢？这主要是因为心理学上的结伴效应。

什么是结伴效应呢？心理学家普遍认为，结伴效应是指两个人或多个人结伴从事一样的工作（不存在竞争）时，他们相互之间会产生一种刺激作用，从而提高了工作效率。比如，学生们在课堂上一起完成作业要比学生个人回家后单独完成作业的效率高很多；工地上拉沙子推土的工人一起干活的时候有说有笑，工作效率较高。此外，心理学家也通过实验证明了结伴效应的存在：

一位心理学家通过实验发现，自行车选手在单独骑车时的平均速度是 24 英里／小时，而在非比赛结伴行驶的情况下，平均速度最高可达到 31 英里／小时。实验结果很明显，那就是结伴而行的自行车选手比单独行动的自行车选手速度快。

再比如在职场中，领导经常按照员工的特长和工作类型将员工分成几个部门，而部门中主管也会将手下的员工分成几个小组，这就是为了提高员工的工作效率。以做一个总共九章的文稿为例，A 写前三章，B 写中间三章，C 写最后三章。这三个人做的工作是相同的，可因为个人文字功底、时间分配等方面的差异，每个人写稿子的效率是不相同的。但是因为他们三个人是一起写一本书，只有三个人都高质量、高效率地完成才有奖金可拿，于是他们格外认真地工作。搭配工作不仅使效率更高，而且能够有效地增加员工之间的交流，增强团队合作精神。

那么，结伴效应为什么会影响人们的工作状态呢？对此，心理学家从以下几个方面进行了分析：

第一，竞争心理作祟。通常情况下，每个人都具有一种成功的动机，这种动机在和别人一起工作的时候表现得尤为突出，即每个人都希望自己能够比别人做得更好。这时候的成功动机也是竞争动机，而个人单独工作的时候缺乏这种动机，干劲不足。

第二，被别人评价的意识。人们在和他人搭配工作的时候，会非常自然地产生被别人评价的意识；每个人都希望别人对自己的评价是好的，因此他们就会更加卖力地工作。

总的来说，竞争心理与被别人评价的意识是结伴效应的两个最重要的心理基础。结伴效应有利于促进个人更加认真努力地工作，提升工作效率。不过对待结伴效应也不能一概而论，如果方法运用不当，也会出现负面结果。比如老师在分配学习小组的时候把几个懒惰的人分在一组，他们之间不仅不能起到积极的促进作用，还很可能会一起不学习，最终导致学习共同退步。

视网膜效应——我们总是更容易发现自己的同类

在日常生活中，我们经常会发现这样一种现象：你刚买了一件红色的帽衫，就发现满大街都是穿这种衣服的人；你刚买了一辆白色的汽车，就发现满大街行驶的都是白色汽车；你上大学的时候觉得满世界都是大学生，等你工作了发现满世界都是上班族……这是为什么呢？实际上这是心理学上的视网膜效应在作祟。

那么什么是视网膜效应呢？心理学上普遍认为，视网膜效应是指当我们自身具备某种特征或是拥有某个东西的时候，我们就会比一般人更加容易发现别人是不是和我们一样拥有这种特征或这个东西。简言之，一个人自身的情况会影响其看待外界的眼光。

世界著名成功学大师卡耐基对视网膜效应有着非常深刻的理解。卡耐基说："如果一个人只看到自己的缺点，而看不到自己的优点，视网膜效应就会使他看到身边有许多人和自己一样有类似缺点，从而使得他的人际关系非常糟糕，生活非常痛苦。相反，如果一个人能够积极发现自己的优点，那么他也会看到身边许多人和自己一样有相同优点，从而他的生活态度也会变得乐观而积极。"

由此可见，视网膜效应的主观性是非常强的。因此在现实生活中，我们要不断地警示自己，既不能因为别人与自己有相同的缺点就忽视了他的优点，也不能因为别人与自己有相同的优点就忽视他的缺点。

眼睛是心灵的窗户，你用什么样的眼光看世界，你看到的就是什么样的世界。当你用乐观向上、积极进取的眼光来看生活的时候，你就会觉得世界如此多娇；与之相反，当你用消极懈怠、狭隘自私的眼光来看生活的时候，你看到的自然是丑恶和绝望的世界。

当然，这也并不是说要让人们只知安乐，不知忧患。过于乐观地对待生活也会让人们忽略危机的存在，一旦遇到困难就手足无措。因此，我们必须正确调整视网膜，既不能过于悲观，也不能过于乐观，要把握好这两者之间的平衡。唯有这样，才能规避视网膜效应的负面影响，客观公正地看待这个世界。

在现实生活中，视网膜效应往往会导致人们视野狭窄、思维狭隘，使人们不能客观公正地看待问题，甚至钻牛角尖、走死胡同，最终酿成悲剧。

当你遇到挫折的时候，你要想到并不是只有你会遇到这种挫折，失败之后要首先从自身寻找原因；当你觉得自己不幸的时候，你要想想那些比你更加不幸的人，你的那些小挫折没什么大不了！人生道路上有些坎坷是很正常的，勇敢地面对失败，调整好自己的心态，积极地面对以后的生活才是正道。

一个人如果希望受人欢迎，就必须养成肯定自己的习惯。通过运用视网膜效应，我们不难发现，一个能够看到自己优点的人，才有能力看到他人的长处。用乐观、积极的眼光看待他人，可以有效地促进良好的人际关系的形成。

投射效应——人人都爱"自以为是"

心理学家罗斯做过这样一个实验：

实验的对象为 80 名大学生，实验者问了他们这样一个问题："你们是否愿意背上一块大牌子，比如广告牌或是别的什么宣传牌子，在校园里四处溜达？"实验结果表明，有 48 名大学生愿意做这件事，并且他们觉得绝大部分学生都不会排斥这件事；而拒绝背牌子在校园里走动的大学生则觉得根本没几个人愿意做这种蠢事。

这些参加实验的学生不自觉地将自己对待背牌子的态度投射到了别的学生身上，而根本没有去了解别的学生是不是真的和自己想的一样。这就是心理学上的投射效应。

那么什么是投射效应呢？心理学家这样定义投射效应：是指根据自身的情况来评定他人，认为自己拥有什么特征，其他人也定然会拥有和自己一样的特征，把自己的特性、意志以及感情投射到别人身上，并且不论对方真实情况如何，都会强加于人，从而造成自己的认知障碍。

在人际交往和认知的过程中，人们往往会想当然地认为自己拥有的特性、兴趣或对事物的态度倾向等别人也会拥有，甚至自以为是地觉得别人了解自己的心中所想。比如，一个心眼不好的人会觉得别人都跟他一样坏，一个爱算计他人的人往往会觉得别人也会算计他，等等。"以己度人"就是投射效应的最典型表现。我们往往认为自己的价值观和行为准则就是常规，因此一旦其他人的行为和自己的相悖，我们就会觉得别人是错的。然而这种自以为是的看法是有失公正的、偏颇的。

投射效应的表现，主要有三种，包括相同投射、愿望投射和情感投射。

第一，相同投射。相同投射较易发生在陌生人之间的交往之中。比如，自己喜欢吃什么，就会认为这种食物好吃，对方也一定喜欢吃；自己感觉天气炎热，就会以为对方也一定暑热难耐……从而忽略了对方的真实感受。

第二，愿望投射。简单地说，就是把自己的主观愿望强加到对方身上。比如，有些父母很喜欢为自己的孩子设计未来、做决定，甚至总想要子女实现自己年轻的时候没机会实现的理想、愿望，自己喜欢画画就强迫自己的孩子学画画，自己觉得当医生有前途就强迫自己的孩子学医等。

第三，情感投射。人们对自己喜欢的人越看越顺眼，而对自己讨厌的人越看越不顺眼，这就是一种情感投射。但是这种情感投射往往会导致人们不能公正地看待他人，从而使自己的人际关系恶化。在爱情生活中情感投射的表现尤为明显，所谓"情人眼里出西施"就是这个道理。

投射效应会使人们对他人的评价失真，这对于人们的人际关系会产生不利的影响。有这样一个故事：我国宋代文学家苏东坡和佛印和尚关系非常好。有一次苏东坡去寺院拜访佛印，戏谑地对佛印说："我看你就是一堆狗屎。"而佛印和尚非但没有因为苏东坡的无礼而生气，反而微笑地回复说："我看见的你是一尊金佛。"苏东坡以为自己占了上风，得意扬扬地回到家，跟自己的妹妹显摆此事。苏小妹说："哥，你被耍了。佛语说'佛心自现'，你看见对方是什么，你自己就是什么。"苏东坡这才意识到自己实在太自以为是了，天下之大，才子多得很，从此之后他更加尊重佛印了。

由于投射效应导致人们对他人评价失真，往往影响人们的人际关系。因此，如何规避投射效应对我们的不利影响，如何客观真实地评价他人，是每个人都应该重视的问题。

总而言之，每个人都应该有意识地控制自己的自以为是，从而尽量避免投射效应对自己的负面影响。

阿伦森效应——想改变谁，就奖励他

艾略特·阿伦森是近代世界上最著名的心理学家之一，曾获无数殊荣。他曾做过一个与他同样著名的实验。实验的过程是这样的：阿伦森让四组人同时对某一个人进行评价：第一组始终对被评价的人赞扬有加，第二组则始终对这个人贬损否定，第三组是先褒后贬，第四组是先贬后褒。在对足够数量的实验对象做过该实验后，阿伦森总结出了一个规律，即几乎所有被实验对象最讨厌的不是一直贬损他们的第二组，而是对他们先褒后贬的第三组人。这就是阿伦森效应：大多数人喜欢褒奖不断增加，而极其反感褒奖减少。

奖励减少导致态度消极，奖励增加促进态度积极，这是社会大众普遍具有的心理。因而我们每一个人都要对此效应有所了解，以防自己被阿伦森效应所左右。

在一座居民楼的地上停车场里，停放着一部报废多年的汽车。这部汽车几乎成了居民楼里所有孩子的大玩具。每天晚上，精力旺盛的孩子们都会攀上车顶蹦跳玩耍，汽车发出的声音震耳欲聋，令居民们不胜其烦。而孩子们根本不听家长的管教，家长越管，他们蹦得越欢，这个游戏俨然成了一项乐趣无穷的挑战运动。

这天，楼里搬进来一位老人。当天晚上，老爷爷自然也听到了孩子们制造的"音乐"。这位老人本来睡眠质量就不好，被孩子们一闹，更是通宵不眠，几天下来精神极度萎靡。为了能在新家中安稳住下去，

老人想了一个办法。

这天，当孩子们再次来到车前，准备蹦跳玩耍时，发现这位老人早就站在车边等他们了。几个小家伙不知道老人想干什么，神色不善地盯着老人。谁知老人笑眯眯地给了他们一个大惊喜。老人对他们说："小朋友们，今天爷爷和你们玩一个游戏。你们比赛跳汽车顶，谁跳得声音最大，跳得时间最长，爷爷就奖励他一支玩具枪。"孩子们一听，自然兴奋不已，纷纷爬上车顶，拼命蹦跳。

第二天晚上，小朋友们早早就来到汽车旁等着老人，在老人到来之前居然没有一个人爬上汽车顶。老人到了后，依然笑呵呵地对他们说："小朋友们，今天继续比赛，比赛的规则和昨天一样。不过，爷爷没有玩具枪了，所以，今天的奖励是一个苹果。"孩子们一听，纷纷叫嚷起来，说老人的奖励太差劲了，苹果每天都在吃，一点儿都不稀罕。但老人坚决不妥协，孩子们没办法，看在苹果的分上，还是爬上汽车蹦跳起来。不过，他们显然已经没有了前一天的兴奋劲。

第三天晚上，小朋友们陆陆续续地来到汽车旁边。而直到他们人到齐后，老人才姗姗来迟。老人的笑容仍是那样，可惜他今天奖励的物品档次明显又下降了，他许诺给孩子们的奖品是一颗大白兔奶糖。

孩子们一听奖励如此低级，登时兴趣全无。他们嘟囔着，谁会为一颗大白兔奶糖蹦汽车呀，谁蹦谁就是大傻瓜。从此，孩子们再也不在汽车上蹦跳了，即使围着汽车捉迷藏，也没有人再爬上汽车顶。家长们终于迎来了没有"音乐"的晚上，可他们却始终不知道原因。虽然有人看到过老人与孩子们的约定，但他们想不通为什么老人能让孩子们老老实实地不再胡蹦乱跳。

这就是阿伦森效应的典型案例。哪怕你一开始并不是出于获得赞赏和奖励的目的做某事，当有人因此而对你大加赞赏甚至许以奖励，你便会渴望得到更多的赞美和奖励。若是奖励不但没有增长，反而不断下降，便会引起你的逆反心理，你会觉得受到了挫折，从而做事的积极性也会急剧下降。因此，当你从正面难以说服某人不要做某事时，不妨也运用一下阿伦森效应，想改变他，就奖励他、赞美他，然后逐步减少奖励和赞美，最终达到"不战而屈人之兵"的效果。当然，你也要谨防被人以阿伦森效应控制。在人们因某事而赞美你时，切莫得意扬扬，要看看别人是不是真心地赞美你，也许别人正准备运用阿伦森效应来制止你做某事呢；如果你做的事情的确是正确的、积极的，也千万不要因别人减少赞美或奖励而心灰意懒，忘记了坚持。

反映法则——生活是一面镜子

在心理学领域，有一个著名的反映法则，其内容是"人生活的外在世界是其内心世界的反映"。心理学家指出，积极的心理会激发积极的行为，而积极行为则带来积极的结果，使我们的生活呈现出积极的一面；相反，消极的心理会导致消极的行为，进而让我们的生活也呈现出消极的一面。简言之，生活是一面镜子，我们以什么样的心态去面对它，它就会呈现出什么样的面貌。

在人际交往中，反映法则表现得尤为突出。这不仅是因为个人心理与行为的直接对应关系导致了个人心理与外界境况的间接对应；也因为在人际交往中，人们对他人的态度往往是他人对他们的态度的反映，人们会本能地回报以他人相应的态度。

具体地说，如果你对他人和蔼、友善、宽容，那么他人也会和蔼、友善、宽容地对你，你的人际关系就会很和谐；如果你开朗、乐观，他人就会乐意亲近你，你就会有更多的朋友、更广的人脉……个人的个性、品格、处世态度等因素与个人的人际交往状况往往是相对应的。如果我们渴望拥有美好、和谐的人际关系，就一定要具备相应的优秀品格以及积极的心理。具体地说，我们需要注意这样几方面：

首先，要拥有积极的性格。开朗、自信、乐观、宽容等积极的性格是拥有好人缘的法宝。这些积极的性格会让人如同阳光一般光彩照人。而人都有渴望温暖、向往美好的心理本能，在不知不觉中，你身边的人就会被你美好的性格所吸引，围绕在你的身旁，成为你的朋友。相反，如果一个人悲观、自卑、苛刻、无时无刻不在抱怨，那么势必没有什么人愿意与之长久交往。因为被浸染在悲观、自卑、抱怨之中是让人痛苦的。面对这些，即使是亲密的朋友也有可能为了逃避它们而躲开你。因此，有意识地培养自己积极美好的性格吧，这将让我们拥有更多朋友。

其次，要大方地表达自己的善意与喜爱。心理学家指出，对喜爱自己的人，人们往往很难讨厌，会报以同样的喜爱。因此，请大方地表达出你对他人的善意和喜爱吧，不要因为怕被拒绝、害羞而唯唯诺诺、不敢表达，那样只会让你错失许多好朋友，甚至陷入孤独、寂寞之中。

再则，我们需要用积极的交往态度与他人交往。所谓积极的交往态度不仅包括热情，还包括正确的心理动机。人们总是愿意与热情的人为友，因为感受他人的热情是一种非常愉悦的心理体验。同时对热情报以肯定是人的心理本能，很少有人能够对热情报以冷漠。同样，正确的心理动机才能让你与别人的交往步入正轨。不正确的心理动机，比如非常功利的动机，则会让你与别人的交往误入歧途，同时因此而引发他人的反感，甚至是厌恶，让他人再也不愿与你为友。

总的来说，如果你想得到美好的人际关系，那就得让自己的心理呈现积极状态，然后积极地与人交往，你的人际交往状况由此也会呈现出同样积极的状态。这是反映法则所给予我们的进行人际交往的智慧，学会、记住并且运用，你就能成为交际达人！

瀑布心理效应——你让别人有落差，别人就让你有落差

瀑布是什么样子的？也许我们可以套用李太白的一句诗"飞流直下三千尺"来形容！为什么它会让你产生飞流直下的震撼之感呢？因为有落差。因为落差使在上游原本波澜不惊的湖水或潭水，一下子巨浪迭起、水花四溅！其实一个人的情绪变化也可以是这样的，前一秒他可能还得意扬扬，可是你的一句话就可能让他的情绪从深沉的大河变成激荡的瀑布。就算他表面平静，心里说不定已经咒骂了你几百几千遍了呢！这就是所谓的"瀑布心理效应"。它是一种因为不当的言行给别人造成了巨大的心理落差，让别人被突如其来的信息弄得心理失衡，进而导致其行为和态度发生巨大变化的心理效应。

俗话说："说者无意，听者有心！"你认为没有恶意的玩笑话，很可能会刺伤别人的自尊心，这可是会为你的前路埋下祸根的。如果你看过《三国演义》，那张裕的故事想必你听过。张裕是被号称"仁德"的刘备杀死的。仁德享誉古今的刘备为什么会杀一个并没有多大过错的张裕呢？就是因为张裕那张臭嘴激起了刘皇叔的"瀑布"心理。

事情是这样的，张裕本来是刘璋的手下，刘备去找刘璋，刘璋设宴款待。席间张裕也在场，刘备看到张裕满脸的络腮胡子就讲了个笑话挪揄了张裕一番。张裕就心理不平衡了，他也是个要面子的人，而且在刘璋那里混得也不错，刘备虽然受到刘璋礼遇，但是也不能对自己如此无礼吧？于是张裕开始反唇相讥，他同样讲了个笑话，嘲笑胡须、眉毛

稀少的刘备嘴上没毛，缺少男子汉气概。这下刘备脸上挂不住了，他怎么说也是皇叔啊，这个不开眼的张裕怎么可以如此羞辱自己呢？虽然为了保持风度，刘备表面上并没有发作，但是心里都快气炸了。

后来刘备鸠占鹊巢把刘璋赶跑了，当上了张裕的正主子。于是他报仇的机会来了，张裕的倒霉日子也跟着来了。所谓"欲加之罪，何患无辞"，他随便找了个理由就把张裕收拾了，而且连尸体都不放过，来了个曝尸街头！

很多人觉得张裕很冤，明明是刘备自己先拿人家开涮的，最后却如此没有胸怀，为了这么点小事儿而杀人，太不应该了，所以这也成了刘备人生中的一个污点。也确实是，不就是说错一句话吗？可是这句话却关乎性命，因为一时失言，张裕害得自己死无葬身之地。冤枉确实是冤枉，但是谁让他触犯了瀑布心理效应的禁区，让本来飘飘然的刘备一下子被摔在地呢？心理落差如此巨大，平静的表面下又怎么不会产生波涛汹涌的情绪呢？刘备要让自己心理再次平衡，自然要找始作俑者去泄愤了！

不是只有刘备会这样，其实生活当中，我们很多人都会遇到这样的状况。就好比一个自认为风华正茂的女子去菜市场买菜，被那个不开眼的卖菜大哥"礼貌"地叫了一声"大姐"一样。想想看这是对自视甚高，把年龄当成国家机密的女人多么大的打击啊？她自以为自己保养得很好，掩饰得很妙，可是却被一个卖菜的小贩一语道破。这种巨大的心理落差不引发瀑布心理效应很难。这位"大姐"不破口大骂已是表现得相当有涵养了，还能指望她再来买你的菜？

所以，在人际交往当中千万别动不动就让别人"瀑布"一下。学会管好自己的嘴，摸透别人的心，别把讥讽当玩笑。

冷热水效应——别把冷热的顺序搞反了

小时候，你有没有去小卖店买过糖果？那些散装的糖果是论斤卖的，你给对方多少钱，对方就给你称多少糖。但是街边有两家店，糖果的价钱都一样，可是你却喜欢到这家店去买，讨厌到那家店去买。这是为什么呢？因为你觉得这家店给的多，那家店给的少。

其实想想，这两家店给的糖果其实是一样的，为什么会给你造成这样的错觉呢？因为这家店的老板总是一开始给你比较少的糖果，放在秤上之后发现分量不足，然后再一块两块三块地往上加，你就觉得自己像占了很大便宜似的；而另一家店的老板就很傻，他总是一开始就盛一大盘子糖出来，分量当然超出许多，然后再一把两把三把地往外拿，那些盘子里的糖本来已经被你认定是自己的了，但是后来被老板拿走了那么多，你心里能痛快到哪儿去？

显然，第一家店的老板更会做生意，他懂得把握顾客的心思。大家都喜欢越来越多，那他就满足大家的心理，所以人们都喜欢来他的店里买东西。老板的生意好，人缘也肯定好。我们平常的交际也不例外。如果一个人一开始对你热情似火，没过两天就变得冷冰冰的，这样的人势必不会得到你的好感；相反，那些一开始虽然平平淡淡、客气有礼，但后来因为越来越熟，而和你越来越亲密的人，反而更加容易跟你保持长久而牢固的关系。这在心理学中被称为冷热水效应。

因为人际关系就好比一杯水，人们之间由浅入深地互相认识就像接触三杯水：冷水、温水、热水。先把手放在冷水中，再放在温水中，就会感到温水的温热；但如果先把手放在热水中，再放进温水中，就会觉得温水凉。这就跟我们前面说的买糖是一个道理，同样的一杯温水，两种不同的感受，这就是冷热水效应。

这是人际交往中一个普遍的心理现象。你希望别人跟你成为知己，但是你知道自己给出去的东西是有限的，那你就要掌握好冷热水的顺序。你本来就是一杯温水，那就别一开始就表现得过热，否则等你恢复常温，人家还以为你"冷"了呢，当然对你有意见了。而且，选择先冷后热其实也符合人际交往的规律。一开始大家都不熟，如果表现得太热情，就会让对方感觉不自在，反而不如由冷到热来得自然。

懂得了这一道理之后，那我们不妨来说点实际的。比如你要进行一次谈判，那一开始给出的条件不要过于丰厚，否则你再想往下减，势必会让对方很反感，你们的谈判陷入僵局不算，还会让对方对你的人品产生怀疑；相反，如果你一开始给的条件很苛刻，但是又在对方的心理承受范围之内，那么再往上加那么一点点你们就能成交，而且皆大欢喜。

又比如你去了一个新公司或者交了一帮新朋友，千万不要在一开始的时候就表现得过于积极和热情，什么事情都大包大揽、招手即来。这样虽然会轻松得到别人的好感，但是你自己会很累。而且等别人都习惯了你的大包大揽，你却想"撂挑子"，别人的抱怨也就来了，那些一开始你留给大家的"好印象"也会被后来的"差表现"给淹没。

所以，想要取得谈判和沟通的成功，就要由少到多不断加码；想要保持长久的人际关系，还是要细水长流、慢慢加热，你觉得呢？

250 定律——每个人都有一个"250"

你想在人际交往中获得成功吗？那么就请遵从 250 定律吧！别误会，这绝对不是骂人，更不是让你当傻帽儿；而是要告诉你每一个人周围都有一个"250"，这是一个数字，更是一个群体。

250 定律是由美国的一位推销员乔·吉拉德总结出来的。尽管吉拉德不是一位心理学家，却熟知顾客心理，即每一位顾客都希望自己能够受到上帝般的优待。吉拉德对顾客从不得罪，因为据他计算，每个顾客身边至少有 250 名亲朋好友。他得罪一个人就等于得罪了 250 个人，恶评一旦传开，自己的生意当然也就难做了。相反，如果他赢得了一位顾客，让这位顾客成为自己产品的忠实粉丝，那么他也就赢得了其身边250 人的好感和信任。

不管这个数字是否准确，一个人身后的那些潜在消费者是必然存在的。吉拉德正是了解到这一点，才让自己成了一名伟大的推销员，而250 定律也成为销售人员必学的一个定律。

是的，你不是推销员，也不是售货员，你没有自己的顾客，你认为自己没有必要遵从所谓的 250 定律。如果你这样想，那估计你的人缘也好不到哪儿去。别忘了，即使你不卖东西，你所认识的每个人周围也同样围绕着 250 个人。如果你跟这个人的关系处不好，那你在对方圈子里的口碑必然不怎么样。也许你想认识的某个大人物正是你得罪的那个人身边的"250"当中的一个呢！你好不容易建立起来的关系，很可能就被对方的一句话搞得土崩瓦解。来看看马克的经历吧。

马克其实是个很不错的人，只不过有时候说话、做事过于心直口快。这不，他一不小心又把同事杰尼得罪了。杰尼跟马克理论，马克却嘲笑他娘娘腔，说自己不想跟他说话，还放下狠话："你这种朋友的帮助我宁可不要！"这可把杰尼给气坏了，他发誓绝对不会再跟马克有任何交集。

没过多久，马克联系到一个大客户，如果这单生意谈成了，他将成为升职的大热人选。所以他对待这位客户格外卖力，而客户似乎也对这个热情的年轻人非常满意，马克认为自己这单生意已经十拿九稳了。

可是说来也巧，这位大客户正好是杰尼的学长。在一次校友会上，杰尼跟自己的学长相谈甚欢。学长得知杰尼和马克在同一家公司工作，于是随口就问了一句："你们公司是有一个叫马克的家伙吧？他最近正在和我谈生意。"

杰尼一听学长提到马克，不由得翻白眼："他啊？"然后欲言又止。

学长看到杰尼这样，赶紧问："他怎么了？这个人不好吗？"

杰尼看了学长一眼："也没什么啦，只不过这个人的人品我可不敢恭维……"

可想而知，马克的生意泡汤了，升职的事当然也黄了，谁叫他没事把杰尼给得罪了呢！杰尼身边的"250军团"自然也就对他挥矛了！

所以，你应该明白，我们的生活中到处都是防不胜防的心理黑洞，你想要拥有好的人际关系就不能过于随心所欲。当你认为自己只是得罪了一个人的时候，其实已经在无形中得罪了一群人。尽管这些人你一个也看不到，尽管他们的数量也许未必真的有250个，但是你确实在得罪一个人的同时，给一群人留下了坏印象。要知道，建立起好印象是一件很难的事儿，要毁掉它可是易如反掌啊！

第三章 爱情心理学：爱情就是把自己弄瞎

　　爱情是什么？有人说爱情是冲动，是激情，是不顾一切地往前冲。我们身体里的荷尔蒙让我们的大脑失去了理智，把我们的眼睛弄瞎，让我们的眼中只有"你"——那个我们义无反顾爱上了的人！爱情总是盲目的，但是恋爱的心理是理智的，它会告诉你，你做这些让旁人看起来很"瞎"的事情时是出于什么心理，你有没有可能把握好自己，然后让自己成为一个恋爱高手。

古烈治效应——男人花心的理论基础

有一个笑话广为流传，话说一位西方国家的元首古烈治和夫人妮可基一同参观某农场的养鸡舍。妮可基突然看到公鸡在母鸡身上踩蛋，于是她向农场主询问："公鸡一天要在母鸡身上做丈夫多少次呢？"农场主想了想，回答说："一天得十几次。"夫人又说："请你把这个问题的答案转告给总统。"农场主照做了。农场主的话刚一说完，总统反问："那公鸡每天都在同一只母鸡身上做丈夫吗？"农场主答："当然不，次次更换妻子。"总统得到答案后立刻说："请把这个答案转告给夫人。"

看完这个笑话，大家在捧腹之余是否会想到些什么？没错，男人和女人的思维是存在差异的。总统和夫人都没有错，出于男女思维的差异，所以他们得到了不同的结论。心理学上有个名词，叫作"古烈治效应"，说的就是这个道理。

当古烈治效应发生作用的时候，男人的感受是与女人完全不一样的。由此看来，男人花心竟然还可以找到理论基础。

一代才女张爱玲曾经写道："也许每一个男子全都有过这样的两个女人，至少两个。娶了红玫瑰，久而久之，红的变了墙上的一抹蚊子血，白的还是'床前明月光'；娶了白玫瑰，白的便是衣服上的一粒饭粘子，红的却是心口上的一颗朱砂痣。"这段精辟的话一针见血地指出了男人花心的天性。坠入爱河中的男女通常有着不同的心理感受，随着交往时间的增长，女人会感觉越来越离不开男人，甚至想成为他身体中的一部分；而男人则不同，在某种程度上，当女人身上那种“未知的魅力”被读透之后，古烈治效应就开始起作用了。他们或朝三暮四，或移情别恋，轻微者也愿意叫嚷着“爱美是人之常情”的口号偷偷窥视其他美女。

小青和男友一同上街，只见男友的眼神飘忽不定，一会儿瞥一眼走过身旁的气质女孩，一会儿又不住地回头看妙龄美女。小青顿时生气了，她揪着男朋友的耳朵说：“你当我是空气吗？当着我的面还在看别的女孩。”男友委屈地说：“我也不想，但是漂亮女孩一走过去，我就忍不住想瞄两眼，其实我最爱的人还是你。”小青噘着嘴说：“少给自己找这些冠冕堂皇的借口。”于是，她将男友扔在大街上，自己走了。

一连很多天，小青都不肯接受男友的道歉。当小青无意翻看心理杂志时，她第一次知道心理学上有一种效应叫作“古烈治效应”。小青若有所思地说：“哦，原来男友的‘左顾右盼’并不是想背叛我，而是心理因素搞的鬼。”小青放下杂志之后，连忙拨通了熟记于心的一连串电话号码，因为她已经真正地原谅了男友。

昆德拉有一本著作，名叫《生活在别处》。将该书名进行爱情方面的诠释后你就会发现，在爱情里面，男人永远觉得吃不到口的葡萄是最甜的。正视古烈治效应，让女人们不要为恋人花心而大受打击，也让男人们不要为自己花心而感到不安。在社会道德和良知的底线之上，花心不是件大事。

黑暗效应——黑夜让我们如此亲近

知道什么样的环境更有利于靠近心上人，从而赢得爱情吗？心理学家告诉我们，与光线充足、明亮的场所相比，光线暗的场所更能增加情侣彼此间的亲近感，这就是黑暗效应。它告诉我们，与心上人约会，选择光线相对较暗的场所为宜。

有这样一个案例：男子钟情于一位女子，女子也有进一步交往的意向。然而每次约会，两人都有话不投机的感觉。有一天晚上，男子很是思念女子，便跑到了女子家楼下。女子得知后很感动，下楼与男子相见。两人在黑夜中，沿着那布满斑驳树影的小道一圈一圈地走着，交谈着，两人均觉得和对方很投缘，而且真正地与对方亲近了起来。后来，他们总喜欢在黑夜沿着这条幽静小道携手散步、交谈，感觉彼此越来越亲近。不久后，他们步入了婚姻的殿堂。

相信大家身边都有这样的事发生：明明两个早就相识的人，彼此之间一直都没有什么火花，可是结伴去了一趟酒吧、练歌厅等光线暗的地方后，两人竟然相恋了。这也是黑暗效应在起作用的典型实例。

黑暗能够拉近彼此的心灵距离，增进男女之间的感情，这不仅有实例为证，更有可靠的心理学依据。在光线幽暗的环境中，除了黑暗，看不清任何东西，这能够带给人一种既对立又统一的心理感受。置身于黑暗的世界里，借着黑暗的掩护，人会感觉比在明亮的环境中安全许多，心理防备就会不自觉地放松，这样一来，恋人们就可以更加容易地拉近彼此的距离。同时，人身处黑暗中，潜意识中会有危机感。虽然这种危机感还不足以激起人的警觉，但会促使人下意识地从身边认识的人身上寻找支持，会不由自主地将对方当成自己的依靠，这也在很大程度上增加了恋人间的亲密感。

而且，人类发展千百年来形成的认知是，太阳下山以后，是应该休息的时刻。与之相对应的是懒散、松懈的心理状态。在这种状态下，人们往往很少能集中精神思考问题，感性远远大于理性。而这种由"跟着感觉走"的感性做主的状态不正是谈情说爱的最佳状态吗？

此外，黑暗的环境尤其适合爱情的初级阶段。那时，一方面，初识的两个人彼此间有好感，都希望在对方面前展现自己最好的一面，非常注意自己的一举一动，这样一来，便有些畏首畏尾；另一方面，过于在意对方的态度，过于谨慎，会让心理呈现一种非常敏感的状态。而这些势必会影响彼此的交流，阻碍彼此感情的增进。然而，绝大多数人在黑暗的环境中感觉往往要迟钝一些，而这正好缓解了恋人们过于敏感的状态，也能够让他们不那么畏首畏尾，毕竟黑暗中你笑得不完美对方也看不见。

总的来说，在黑暗的环境中约会更有利于恋情的发展。因此，与恋人相约在幽暗的灯光下吧，与恋人携手漫步在深夜的林荫小道吧……这种黑暗中的约会，会让你们更加贴近彼此。

禁果效应——罗密欧本来不该死

心理学家曾经做过这样一个实验：

实验考察的对象是孩子。第一次，实验者在茶盘里放入 5 只茶杯，这 5 只茶杯均向下扣着且不透明。结果孩子们对这些杯子毫不在意，没有人去查看这些杯子；第二次，实验者在其中某只杯子下放一块糖，将杯子扣好，并在出门的时候跟孩子们说："茶盘的杯子下面放了重要的东西，你们不要去碰那些杯子！"然后实验者假装出门，并在外面观察孩子们的反应。结果，越是警告孩子们不要去看杯子，孩子们越是纷纷去查看那几个杯子，有的小孩还将每个杯子都打开细细地查看一遍，然后放好。

实验结果表明，孩子们具有非常强的好奇心和逆反心理，你越是禁止他去做某事，他越是想要去做，这就是禁果效应。

"禁果"这个词来源于《圣经》。在《圣经》中有这样一节：夏娃和亚当原本在伊甸园里过着无忧无虑的生活。然而有一天夏娃在蛇的引诱下，偷偷吃了智慧树上的禁果，结果他俩受到上帝的惩罚，一起被逐出了伊甸园。

禁果效应又被称为"罗密欧与朱丽叶效应"，越是被禁止的事物，人们越是想要去尝试。这跟人们的好奇心和逆反心理有很大的关系。罗密欧和朱丽叶的爱情悲剧就是源于这种好奇心和逆反心理，双方家族越是反对他们结合，他们越是想要冲破阻碍结合在一起，而且家族反对的声音越大，他们坚持在一起的决心也就越大。所谓"禁果格外甜"说的就是这个意思。其实如果不是禁果效应作祟，罗密欧本不该死的，他如果再能多等一会儿，朱丽叶就会醒来。但是冲动让他的思绪变得混乱，于是他做了殉情的傻事！

心理学上的禁果效应之所以存在，是因为人们不了解的"神秘"东西，比那些人们日常接触到的东西更有吸引力和诱惑力，也更能让他们产生接近与了解它们的心理诉求。我们在日常生活中经常说的"吊胃口""卖关子"等词语，实际上就是利用了禁果效应的心理基础，即让人们产生一种好奇和期待的渴求心理。在那些涉及普通人切身利益的大问题上，人们害怕的不是确凿的事实，而是那些尚不确定、不了解的事情。出于保护自己的本能，人们会不由自主地渴望获得那些不确定的事情的信息。

禁果效应几乎贯穿了整个爱情领域。热恋中的男女会情不自禁地去偷食禁果，结果演绎出一段段旷世奇缘；当然也有铸成大错的，比如怀上了不该来的小生命，比如对家人的背叛和伤害，比如不正当的男女关系，比如雨后春笋般的小三……越是被禁止，越是要尝试，人们的这种逆反心理将整个爱情国度搞得烽烟四起。如果你不想看到某些状况的发生，那么就请巧妙运用禁果效应，给予自己的子女或者朋友正确的引导，而不是粗暴地干涉。他看到你不再禁止了，那种逆反的冲动和好奇心也就自动减弱了，他也更容易变得理智，而不是像罗密欧那样去飞蛾扑火了！

边际效应——爱情蜜糖要少吃

在这个缺乏爱的世界里，我们想当然地认为，爱情这种东西越多越好。可是别忘了，任何东西都应该有个度，爱情固然美好，但它像蜜糖，贪吃、多吃可是会患蛀牙的。我们当然可以彼此相爱，可以为对方无私付出，但是爱情不应该无限量地供应。你要知道，再好吃的东西，天天吃也是会腻的。爱情虽然好，但是多了也一样会让人变得麻木，甚至越来越没有感觉！

不信？这可是有科学依据的。在心理学当中有一个定律叫作"边际效应"，意思就是在我们对某一件事物心向往之的时候，我们就会投入很多的情感。尤其是在我们第一次接触到自己向往的事物时，那种情感的体验是相当强烈的。遗憾的是，这种强烈的情感体验却会随着次数的增加而递减，第二次会比第一次淡，第三次更加淡，第四次、第五次……直到索然无味！也就是说，我们接触某一件事情次数越多，我们的情感体验也就越淡漠，直到它变得乏味无聊。

其实并不是爱情的味道变了，也不是我们的爱人变了，只不过是我们的情感超过了欲望的边际，我们变得越来越不满足，对于不能再满足我们的东西，我们自然也就容易厌倦，所以便有了五年之痛、七年之痒。并不是爱情消失了，而是我们感觉不到它了。我们开始觉得不安，所以希望换一个对象，重拾那份新鲜感。这虽然有违我们对于长久爱情的期许，也不符合社会道德的准则，可是却能在心理学中找到依据。不过，这当然不代表对感情厌倦者和背叛者的原谅。其实这种状况是可以改变的，只要你改变一下对爱给予和索取的方式，也许结果就会大为改观呢。来看看心理学家们的这个实验吧，也许对你有帮助。

意大利的一位心理学家曾经做过一个浪漫的"玫瑰花实验"。他找来两个正在热恋当中的男孩，他们两人及另一半的年龄、成长背景和交往过程大致相同。这位心理学家让两个男孩在情人节前的两个月开始参与"玫瑰花实验"。第一个男孩被要求在这两个月里，每个周末都送一束玫瑰花给自己热恋当中的女友；而另一个男孩则被要求在这两个月里无论如何也不能给女友送一朵花。

两个月之后，情人节到了，心理学家给了两个男孩两束相同的玫瑰花，让他们送给自己的女友。第一个男孩的女友因为每个周末都能收到玫瑰花，所以收到这束情人节玫瑰，表现得非常平静。虽然她也没有什么不满意，但还是不由得说了一句："我同事今天收到一大把蓝色妖姬呢！"而另一个男孩呢，状况截然不同。因为女友两个月内从来没有收到过他送的花，所以当看到这束情人节玫瑰的时候表现得相当惊喜和甜蜜，并且激动地和男友拥吻在了一起。

所以，你看，其实爱情的事实并没有改变，玫瑰花还是那束玫瑰花，只不过是你的感受变了。在边际效应递减的影响下，我们的感觉产生了惰性。我们以为爱情就是那样的，根本不足为奇，于是我们变得麻木。如果不想让爱情变味，时刻保持新鲜，那就需要你去克服这个讨厌的边际效应。别把爱情当糖吃，尽管你喜欢吃糖，它也的确很甜，但是如果你天天以一种形式往嘴里塞，你一定会腻会烦。你可以隔几天不吃，也可以经常变个花样，把它做成蛋糕、冰激凌、酸奶、果冻……总之，别让自己那么懒，也别让自己那么贪，保持鲜活和热情，用心珍惜眼前的那一个人，爱情的甜蜜滋味就可以变得回味无穷！

淬火效应——火热爱情冷处理

不知道你有没有看过打铁，那个被烧得红红的模具会冷不防地被放入冷水中冷却一下，发出"嗞嗞"的声音，冒出浓密的白烟，这种方式叫作"淬火"。我们可能不知道铁匠们为什么要这么做，既然当初费劲地把它烧红，为什么现在又要冷却呢？目的是让它变得更加坚固和耐用。淬火是模具加工的最后一道工序，经过冷却处理，模具的性能才会变得更好、更稳定。

当然，你知道我们现在不是要讲打铁，而是要讲心理和感情。是的，人的感情也需要"淬火"一下才能更加牢固，心理学中将人与人之间关系上的冷处理称为"淬火效应"。比如你爱上一个人，爱得昏天黑地，虽然这看上去轰轰烈烈，很是红火，却也是极不稳定的。它就像一座活火山，喷射起来很壮观，可是也相当危险。只有适时地让自己和对方冷静下来，才有更多的时间和空间让彼此理智地思考这段关系，看看适不适合，也给对方留个空间，这是非常有利于感情的进一步发展的。如果在爱情当中利用好淬火效应，可以帮助你得到心仪的对象哦！

杰克喜欢上了公司新来的漂亮女孩莫妮卡，并且对她展开了热烈的追求。但是我们也说了，莫妮卡是个漂亮女孩，从小到大都不缺追求者。所以，尽管感觉杰克条件也不错，但是莫妮卡并没有多么在意他。

然而，杰克对莫妮卡非常着迷，他甚至认定她就是他命中注定的那一半。只是莫妮卡的态度让他不知道该如何是好。好友吉米看出了端倪,于是给杰克出了个主意,他让杰克每天都送莫妮卡各种各样的小礼物,并且不间断地送了15天。到第16天,他让杰克停止送礼物,突然中断的礼物让莫妮卡觉得奇怪;第17天杰克还是没送,莫妮卡开始着急了;第18天,莫妮卡不知道如何是好……一直到第20天,当莫妮卡沮丧地觉得杰克已经放弃她的时候,杰克终于又送来了礼物。这让莫妮卡欣喜若狂,很快他们便成了令人羡慕的一对。

显然,在这场爱情的追逐赛中,吉米教杰克使用了淬火效应。前15天的热情追求,虽然没有令莫妮卡心动,但是显然她已经习惯了。当莫妮卡对这种热情习以为常的时候,杰克冷不丁地停止一切活动,显然让莫妮卡经历了一个从很不适应到很焦急,然后到很沮丧的心理过程。这个过程就是淬火效应最直观的表现。因为突然的冷却让莫妮卡开始反思自己对杰克的感情,她发现自己已经对杰克的追求有所依赖,并且欲罢不能了。所以当杰克再次抛来橄榄枝时,莫妮卡当然不会再错失良机,于是两个人的关系终于得到了突破性的发展。

人们的心理是个很奇怪的东西,尤其是在爱情当中,我们都会变得很反常,我们以为自己一定不会这样,却偏偏这样做了。有时候我们的感情似乎根本不受自己左右。我们喜欢热情的追求,喜欢热烈的爱情,但是同时又需要冷静地思考、理智地分析。在爱情的国度里,冷处理和热处理同样重要。不管是欲擒故纵也好,还是给彼此空间也好,爱情的冷热远近都需要我们在适合的时候用恰当的方式去处理,这样才能让一段关系走得更加长远和坚定!

泰坦尼克效应——换个地方你还会爱上他吗？

　　罗密欧与朱丽叶能走在一起，在很大程度上是受到了禁果效应的影响，因为逆反心理的作用，越是被禁止越是想尝试。现在如果我们把罗密欧与朱丽叶挪到泰坦尼克上，估计他们坠入爱河会更加迅速。因为这是一个特殊的地点，一个特殊的环境，一个特殊的事件，容易萌发一种特殊的情感。

　　泰坦尼克上的罗丝和杰克跟罗密欧与朱丽叶的相似之处在于，这两对恋人都是冲破重重阻碍才得以相爱的情侣。他们之间同样有世俗和家庭的阻挠，要倾心相爱并不是那么容易。只不过，罗丝和杰克的情况更加特殊，罗密欧和朱丽叶之间好歹还有个"世仇"，这怎么说都算是一种联系。可是罗丝和杰克就八竿子打不着了，一个贵族小姐和一个穷画家，原本是两个不可能有任何交集的人，但是泰坦尼克给他们创造了条件。

　　在这一艘承载了社会各阶层乘客的大船上，两个原本不该相识的年轻人之间奇迹般地产生了化学作用，他们相爱了。除了美女帅哥这些外在条件不谈，罗丝和杰克的相恋更多是由于那个特殊的地点。泰坦尼克效应让他们走进了彼此截然不同的世界，这对他们两个人而言，显然是新奇的。爱情从新奇开始，而那个沉船的特殊事件，又让这段原本可能只是露水情缘的恋情变得刻骨铭心，甚至震撼世人，变成了一段旷世奇缘！

其实很多恋情的发生可能都跟特殊的地点有关，尤其是那些为我们津津乐道的艳遇。因为我们离开了自己特定的生活环境和生活圈子，看东西的视角就会发生变化，原来可能不会引起我们关注的东西，在那个特定的环境当中，可能会让我们眼前一亮。比如，一次丽江之行，你认识了一个笑容像阳光一样绚烂的女孩儿，你对她一见倾心，甚至认为她就是你今生的挚爱。如果其间再发生一件意外事件，你发现跟你同行的朋友也爱上了这个女孩，并且热烈追求她。你痛苦非常，友情和爱情让你左右为难，而这也让你越发欲罢不能。即使你最后放弃了这段感情，恐怕这段经历也会成为你生命当中无法磨灭的浓墨重彩的一笔。

其实，这个女孩也许很普通，并没有什么过人之处。如果是在平常的生活当中，在你熟识的环境和交际圈里，这样一个平凡无奇的女孩或许根本不会引起你这个精英人物的注意。可是在丽江这个特殊的地方，你所处的环境变了，一切都是陌生而新鲜的。面对陌生的环境，你的内心处于一种新奇又忐忑的状态。女孩温暖的笑容在这个时候让你的心如沐春风，再加上朋友的介入，于是爱情便产生了，而且来得异常猛烈和刻骨铭心。这就是典型的泰坦尼克效应带来的结果——特定的环境能产生特定的爱情。

泰坦尼克效应所诱发的爱情很浓烈，却带有不安定的因子，因为地点和情况特殊，我们的思维和情感也处于不同往日的状态。在这种状态下产生的爱情是非常危险的，即使它没有像泰坦尼克那样沉没，也可能在修成正果之后才发现自己当初做了一个错误的决定。所以，如果你现在身处"泰坦尼克"并且遇到了一份爱情，激动之余也别忘了用理智的脑袋思考一下这份爱情的未来，他（她）是不是真的适合你？如果换一个地方你还会爱上他（她）吗？你们在一起会有未来吗？这个未来有多远？如果你都考虑好了，那么就请尽情地去爱吧！

延迟满足定律——得不到的就更加爱

有一首歌是这样唱的："得不到的就更加爱，太容易来的就不理睬……"爱情真的就是这样吗？越是容易得到的就越是不珍惜，非得历经千辛万苦得到才觉得那是真爱，才认为值得珍惜。这是不是也应了中国的一句有些粗俗的古话"妻不如妾，妾不如偷，偷不如偷不着"？因为得不到，所以觉得好，我们是不是有点儿贱骨头啊！

可能真是如此，越是得不到的越能激发我们想要得到的斗志，我们越会想尽办法去争取，这样才能带给我们更多的刺激。也许我们爱的并不是那个人，而是那种刺激的感受。所以，为了让爱情修成正果，我们也可以适当地把得到爱情的难度加大一点。有了难度就有了挑战，也就会激发斗志，这在心理学上也是有依据的，叫作"延迟满足"。它是指一个人为了追求更大的目标或者获得更大的享受，暂时克制自己的欲望，放弃摆在眼前的诱惑。最早提出"延迟满足"的是社会认知心理学家沃尔特·米歇尔。他将这种为了更高的目标于是选择等待，并且在等待的过程中表现出的很强的自我控制能力称为"延迟满足能力"。

延迟满足定律能使人们在热恋的过程中表现得更加理智，不会被一时的冲动冲昏头脑，做出令自己后悔的事情。比如一个女孩跟一个男孩陷入热恋。两个人已经发展到一定的阶段，在男孩的央求下，女孩很可能会一时心软满足对方过早提出的性要求。尽管这是两个人的事，不管是男是女都应该对自己的行为负责，可是一旦要求被满足，那种恋爱的神秘感和神圣感就会大大降低。然而此时，责任感却不一定是同步建立起来的。如果一方希望进一步发展，或者要求另一方负责，而另一方却要保持现状，那么矛盾就会发生，说不定还会吹灯拔蜡，关系玩完！

辛迪和杰瑞是大学同学，辛迪非常漂亮也非常优秀，在杰瑞的一番热烈追求之后，他们很快就同居了。随着时间一年一年过去，辛迪对杰瑞越来越依赖，想正式成立一个家庭的愿望也越来越强烈。

可是杰瑞对此始终表现得不冷不热、漫不经心。每次辛迪旁敲侧击或者直接摆到台面上来说，杰瑞都不做正面回答，而是说："我觉得我们目前的生活状态很好啊，我们都住在一起这么长时间了，跟结婚有什么区别呢？"

杰瑞对结婚这件事装聋作哑的态度让辛迪非常恼火，难道不结婚就是因为过早地住在一起了吗？又或者他心里根本就是有了别人，所以才不想跟她结婚？于是原本开朗活泼的辛迪变得疑神疑鬼起来，越来越神经质、小心眼，没事儿就跟杰瑞大吵大闹。直到有一天，杰瑞再也忍无可忍，对辛迪说："够了，辛迪，虽然我很爱你，但是我觉得我们现在很好，我不想结婚，你也不要再逼我了，否则我们就分手！"

辛迪非常伤心，也非常困惑，难道对于男人来说，爱情就止于同居吗？如果当初不那么早同居，杰瑞是不是也会觉得"现在很好"呢？

其实辛迪的痛楚我们完全能够理解，一个女人把自己最好的青春留给了那个她认为最爱的人，可是这个人却无法给她一个自己想要的结果，辛迪的痛苦是可想而知的。但是杰瑞的想法对于男人而言也无可厚非，既然结婚和不结婚没有太大的区别，那为什么还要结婚呢？更何况婚后他不仅得不到什么，还要担负更多的责任，他自然是不愿意了！

爱情若想开花结果，让它正常发育、自然生长才是良策。如果为了尝到禁果而施用过多的化肥，即使它开了花、结了果，也很可能是畸形的，倒不如让自己理性一点。适当运用一下延迟满足定律，让对方留点念想，反而更加容易达到目的也说不定呢！

麦穗效应——剩男剩女是这样炼成的

为什么相亲节目如此火爆？为什么剩男剩女越来越多？为什么那么多男男女女明明很好，却找不到另一半？也许你会说这是社会现象，工作忙、圈子小、交流少把大家都耽误了。再说这个社会竞争这么激烈，女人越来越优秀、强势，自己养活自己没问题，所以也就懒得找个长期饭票。于是剩女产生了，剩男也被迫给带了出来。

没错，这些都是大家被剩下的原因。只不过好像有一个最最根本的，也是我们不愿意提及的，那就是我们的眼光越来越高了。高学历、高能力、高收入的单身大龄青年越来越多，于是高眼光、高要求也就应运而生了。我们都觉得自己值得一个更好的人，眼前的"两头蒜、三棵葱"实在是入不了我们的法眼，未来肯定还有更好的。于是我们就等吧找吧，结果却发现一个不如一个。

是啊，的确是一个不如一个，因为我们被麦穗效应缠住了。麦穗效应是从古希腊哲学家苏格拉底那里传来的。当时苏格拉底有3位学生，都想找对象，当然更想找到最适合自己的对象。但是他们又不知道用什么方法才能找到，于是他们想到了自己的老师，老师那么有智慧，肯定是知道的。所以3个弟子跑去问自己的老师："我们怎样才能找到称心如意的伴侣呢？"

苏格拉底并没有直接回答他们的问题，而是跟他们卖起了关子。他把3个学生带到了一大片麦田边，指着偌大的麦田说："现在你们进去摘一个麦穗给我，这个麦穗一定得是你们认为最大最好的。并且你们只能从麦田的这一边走到另外一边，不准走回头路，只能摘一次，我会在另一边等你们，去吧！"

3个学生不敢多问，老师是智者，经常爱故弄玄虚，今天他这么做肯定也有自己的道理。于是他们都乖乖地走进麦田去摘那棵他们认为最大的麦穗。

虽然同是摘麦穗，但是这3个学生的表现大不相同。第一个学生是个急性子，没走几步就摘了自己认为最大的那个麦穗。结果越往前走他越觉得后悔，因为他发现了许多比手中的更大更好的麦穗。第二个学生是个慢性子，一直在左顾右盼，一路上犹豫不决，觉得这个很好，那个也不错，但是又害怕自己错过最好的，所以一直也没有下手去摘。直到快走到尽头的时候，他才匆匆摘了一个交差，而这个他显然并不满意，因为他已经错过了之前那几个更大的。第三个学生呢，他好像要聪明得多，只见他不慌不忙，在一开始的时候仔细观察身边的麦穗，中间的时候仔细对比，走到剩下最后1/3的时候摘下了经过反复比较后他认为最大的那个麦穗。结果可想而知，第三个学生比前面两个学生摘到的麦穗都更大更好。

而这也正是苏格拉底要传达给弟子们的信息：我们的人生只有一次，怎样才能找到合适的伴侣呢？第一个学生的盲目轻率和第二个学生的犹豫不决显然都是不可取的。第一个学生就像那些早恋早婚的人，他们虽然没被剩下，可是对自己的爱情和婚姻过于草率，轻易地结合往往会造成轻易地离婚。当然这不是我们主要谈的，剩男剩女们显然都像第二个学生，总以为前面会有更好的，挑三拣四，犹豫不决，于是不停地错过，最后只能找一个来将就。当然，最值得肯定的是第三个学生。他很理智，知道自己想要的是什么，于是目标明确，分析准确，下手及时，所以他找到了最合适的那个。

以上就是所谓的"麦穗效应"。即便是感性的爱情，也得有理智的分析，因为我们要对自己和另一半的人生负责。如果你想要找到那个最好、最适合自己的人，那就不能马虎，稳、准、狠才是你该有的态度！

博萨德定律——距离越远，爱情越浅

关于爱情，我们说边际效应，我们又说淬火效应，我们还说延迟满足定律，好像都是为了不让爱人们靠得过近，爱得失去理智。当然，这都有心理依据。不过不管什么事情都不能过度，一旦超过某个度，再好的事情也都可能变坏。所以，尽管我们一再强调"距离产生美"，但是也别把"距离"搞得过大。否则，结果很可能是"距离有了，美没了！"

男女之间的空间距离太大，往往也会导致心理距离的逐渐扩大。或许在刚开始的时候，两个人觉得这种距离感很新鲜。但是，这种新鲜是有保质期的，保质期一过，两个人就可能会互相怀疑。慢慢地，两人相互间的信任就会消失，彼此之间的感情也就会逐渐地变淡。

生活中，许多人认为，只要爱得足够深，即使离得再远也不会影响彼此的爱情。而现实生活中，分离总是或多或少地让恋人之间的关系变得脆弱，这种情况就是人们通常所说的"日久情疏"。或许岁月的黑幕蒙住了爱情，在各自的生活中，已经很难触摸到往昔恋爱的温馨，那些有关对方的美好回忆也会渐渐地被时间冲淡。由此可以看出，距离是爱情的头号敌人，心理学上将这种情形称为"博萨德法则"，也称其为"爱情与距离成反比法则"。美国心理学家博萨德曾经对5000对已经订婚的情侣进行调查，调查结果发现，其中两地分居的情侣最终结婚的比例很低。空间距离过远对于爱情来说，似乎是一道很难逾越的鸿沟。

　　虽然我们经常说，神圣伟大的爱情是不受年龄、空间、时间、地域的限制的，可是这只是理想状态的爱情。实际上，时间和空间的距离会在无形中扼杀爱情。如果一对相爱的人总是天各一方，不常见面，那么彼此的感情是会逐渐变淡的。距离可以让爱情"安乐死"，它让爱人们之间的激情和热情慢慢消磨殆尽。而这些无疑是点燃爱情的最佳燃料，燃料都烧完了，却因为距离的问题没有把爱情这锅水烧开，结果爱情也只能是无疾而终、不了了之。所以在爱情当中，最大的敌人也许不是个性和物质，而是距离。物理距离是会导致心理距离疏远的。如果你够八卦，那肯定对这样的话不会陌生，"你们为什么分手？""没什么，他人很 Nice，只是我们都是做这行的，聚少离多，实在不适合谈感情……"

　　想想看，如果你有一个女朋友，她在美国读书，你们当初分开时认为，你们的这种选择是理智的、正确的。你们暂时分开是为了更加美好的未来。而且热恋当中的你们觉得，距离对你们而言完全不是距离。所以你们毅然决然地选择为了更好的明天而奋斗。可是明天真的像你们想的那么美好吗？

　　也许在一开始的时候，你们的确彼此想念，而且感情仿佛越来越深厚。可是时间久了，你们就会发现自己好像没了对方也能活，你们彼此重新找到了属于自己的生活方式。因为你们知道，你们必须适应改变才能快乐生活。再然后，你们都有了新的交际圈，有了新的朋友、新的趣事、新的认识。而这些是跟你们原来共有的那些东西不沾边的。渐渐地，你们各自的圈子越来越成熟，你们在离开彼此之后生活得越来越顺利，但是这些都是跟对方无关的。你们共同的话题少了，共同的语言自然也越来越少了。他所说的那个人你根本不认识，也不想认识，因为认不认识对你不产生任何影响；他所说的那件趣事你并没有觉得多么好笑，因为你根本不感兴趣，甚至不明白他在说什么。

异地恋会让彼此有无法排遣的孤独感。即使今天的通信已经非常发达，那也只是看到、听到，却触摸不到。关键时刻，心爱的人不在身边，只有自己承担，那份失落感、孤独感很可能让人身心疲惫，从而在孤单落寞之下很可能会寻找一份身边的爱情。

很多时候，我们以为是爱情变了，其实是爱情没了。即使我们不变心，也可能会觉得已经没有了守候下去的意义。爱都不在了，心又在何处安放呢？所以，你看，爱情其实是跟距离有关的，我们为了理智地谈感情，的确应该适当保持距离，小别胜新婚当然也是有道理的，只不过那仅限于小别和短距离，战线拉得太长可是会伤害感情的。如果你有能力，那就不要让博萨德法则来伤害自己宝贵的爱情！

示弱效应——爱情里没有对错输赢

有人说，爱情是场战争，是征服与被征服，不是你死就是我亡。这听起来太吓人了，爱情应该是美好的才对啊。可是现实却告诉我们不是那么回事儿，有时候爱情与战争还真的很像。尤其是，现在男女平等了，不存在谁要依附谁的状况。女人们用不着像古代的妻子那样遵循三从四德。因为即使不靠男人，女人照样能够养活自己，而且能活得好好的。大到职场争夺战，小到家里换灯泡，女人都能一手搞定，根本不需要男人来帮忙。于是，原本温柔可人的女人们变得强硬起来了。

女人的强大，自然给男人带来了危机，原本他们是老大，是一家之主，现在却不再被需要，说话也失去了分量，他们心里自然也没了安全感。如今，男人和女人开始在外面争地盘，而且习惯性地把这种战争带到了爱情里和家庭中。要我听你的，凭什么？你说的就对吗？我也累了一天了凭什么伺候你？我挣得比你少是怎么的？这件事我又没错，凭什么要我道歉……男人和女人都变得跟刺猬一样，原本相爱的两个人，可能会因为一点点鸡毛蒜皮的小事儿而争得头破血流，甚至闹到分手。

谁都知道，事情根本就没有那么严重，只不过人争一口气，为了以后更加有底气、有地位，这个头万万不能低！可是，你想过没有，你这样做的结果是什么？你真的赢了吗？赢得有快感吗？恐怕若不是对方示弱，你们就得两败俱伤了吧！

其实想想，两个相爱的人之间有什么深仇大恨呢？干吗非得争个你死我活？而且恋人之间哪有那么多的对错可言？为什么非得让对方低头呢？你赢了你就光荣了吗？那可未必，你可是伤害了最爱你的人的心呢。等他的心被伤透了，你们的爱情也就凋谢了。

所以，有位心理学家说："我从来不会去伤害我的爱人，因为他是我在这个世界上最亲最爱的人，除非这个世界上只剩下我们两个，才有彼此伤害的可能。可是如果世界上真的只剩我们两个了，我们又怎么可能还忍心再去伤害彼此呢？所以，每次吵架，我都会先示弱，先认错，这与尊严无关，但有利于爱情！"

是的，在爱情里，我们首先要学会的就是示弱。如果两人有了冲突和争端，你执意据理力争，即便你是对的，最后也会伤害彼此的感情。在恋人争吵时，示弱其实是一种明智的选择。因为你的示弱可以让对方的怒火瞬间消退，火气没了才可能理智思考，才可能冷静地去考虑事情的来龙去脉，才可能发现自己的错误。到时候，他不仅火气消了，对你还多了一分愧疚，你才是真正的赢家，不是吗？这就是示弱效应带来的结果。因为几乎所有的人都有一种迫切的愿望，那就是希望自己的价值得到他人的肯定，自己能受到重视。而向人示弱正是一种让对方感受自己价值的最佳方式，能够给人带来极大的心理优越感和满足感。表面上你让爱人的心理得到了满足，你让他觉得自己是被认可和尊重的，那么他就会加倍地报答你，你们的爱情当然就会更加甜蜜了。

真正聪明的恋爱高手其实也是示弱效应的最佳掌控者和受益者。因为他们明白，与恋人发生冲突的时候，既不能冲动，也绝不能逞强，只要心里有爱，装装糊涂又何妨？目的只有一个，把自己爱的人哄好了，自己才能更幸福，不是吗？

"皮肤饥饿"现象——别让爱人太"饥渴"

生物学家哈洛曾经做过一个著名的实验:他为几只刚刚出生不久的小猴子找了两个代理猴妈妈,一只代理猴妈妈是用金属制成,金属猴妈妈的胸前放有一个奶瓶,确保小猴子可以喝到奶;另一只代理猴妈妈的质地为棉布,它与真猴子极为相似,但是胸前没有任何哺奶设施。之后,哈洛找来了两个笼子,一只笼子里放有金属猴妈妈和布偶猴妈妈,另一只笼子里只有金属猴妈妈。按照常人的思维模式,小猴子肯定会亲近有奶瓶的金属猴妈妈,俗话说得好,"有奶便是娘"。但奇怪的是,小猴子们仿佛对金属猴妈妈十分排斥,反应异常冷淡,除非肚子饿得受不了才会接近它。对于布偶猴妈妈,小猴子们却是另外一种态度。它们有事没事都喜欢紧紧地抱着布偶猴妈妈,如果受到惊吓,它们更是飞一般地逃进布偶猴妈妈的怀中,以便寻求安慰。

随后,哈洛放进一只玩具跳蛙。从没有接触过此类玩具的小猴子们惊慌失措,一个劲地抱住布偶猴妈妈不撒手。慢慢地,小猴子们发现这只跳蛙没有什么危险性,就试探性地接触,最后兴致勃勃地玩起来。可是,在只有金属猴妈妈的笼子里长大的小猴子,看见跳蛙后十分恐惧,一直躲在角落里叫唤个不停,既不靠近金属猴妈妈,也不愿意触碰玩具跳蛙。显然,它陷入了紧张与不安之中。

根据这个实验,哈洛得出一个结论:小猴子对妈妈的依恋不在于有没有奶吃,而是在于有没有温柔而直接的接触。

其实，在只有金属猴妈妈的环境中长大的小猴子的表现属于典型性"皮肤饥饿"。这种表现在心理学上的解释为，如果一个人长期缺少拥抱等肢体接触，潜意识里就会产生一种对他人的爱、关心和抚慰的渴望。当这种感觉过于强烈，就会产生病态心理。病态心理最直接的不良后果就是一个人的情绪平衡能力受损、难以建立自信心及对别人的关爱能力的缺乏。众所周知，孩童时期的我们十分迷恋母亲的怀抱，甚至迷恋母亲身上的气味。通过与母亲拥抱、接触、直视母亲的目光等方式，一种前所未有的满足感就会油然而生。究其原因，是母亲的触摸"喂饱"了孩子饥饿的皮肤。

恋人之间更是如此，不要以为我们长大了，我们的皮肤就不会"饥饿"了。正因为我们离开了母亲的怀抱太久，所以我们才更加需要被拥抱。一对恋人恐怕是这个世界上最亲密的两个人了，他们之间的亲吻、拥抱、爱抚，都是消除"皮肤饥饿"，对爱的一种滋养。恋人之间正是因为有了这种接触，才会觉得彼此之间更加亲近和甜蜜。

我们之前讲过延迟满足，它与喂饱恋人的"皮肤"并不矛盾。延迟满足并不代表任何形式的亲密行为都不马上满足。我们要保留的只是那个底线，但是其他恋人之间该有的东西，我们不能吝啬。想想看，你们声称彼此是恋人，但是相恋一年却连手都没有碰过，拥抱和亲吻就更别说了，你以为这样的爱情是纯洁的，可对方也许会认为你根本就不爱他（她）呢。这样的状况达到一定程度很可能带来两种结果，一是对方跟你分手，一是对方做出出格行为来满足自己长期"饥渴"的皮肤。

所以，你要如何选择呢？如果你不想让彼此的爱情走得太快，不想让对方的"饥渴"破坏你对爱情的美好憧憬，那就别让他的手闲着。把你的手放进他的手里吧，你会发现肢体的亲近让你们彼此的心变得亲近起来了！

沉没成本效应——爱得起，放得下

　　唐代李肇的《国史补》中记录了这样一则故事：

　　通往某地的道路十分狭窄，是一条单行路。

　　一天，一辆满载货物的车陷进了泥沼，整条路的交通都被堵塞了。而车的旁边就是悬崖，用力过猛会非常危险，所以车的主人几次尝试将车子推出来，可是由于雨季路滑，都没能成功。随着时间的流逝，堵在这条路上的人越来越多，最糟糕的是天色渐晚，马上就要下起大雨。这该如何是好呢？

　　就在这个时候，一个叫刘颇的盐商从队伍后面赶来，他问道："你的一车货物共值多少银两？"

　　车的主人回答了一个数字。

　　刘颇立即从怀中掏出银两递给了货物主人，说："这一车货物我买下了。"然后，在众人的帮助下，一整车的货物全被推下了悬崖。于是道路很快畅通了。

　　对于刘颇来说，他损失的只是一车货物的钱，而这些钱与他的盐相比较，简直是小巫见大巫。他舍掉了一些钱财，避免了自己的盐被雨水冲走所造成的重大损失。就刘颇而言，他买货物保住盐的经历，展现了沉没成本效应。所谓"沉没成本"，就是指那些已经付出且不可收回的成本，也就是刘颇买下并推下悬崖的那车货。只有毫不吝惜地将其"沉没"，才能避免更大的损失。

这样看来，沉没成本难道是经济学原理？别那么早下结论，它同样也是我们情感世界里的一道心理防线。人总是趋利避害的，所以不愿意直面会对自己造成伤害的东西，可是一拖再拖，却更加容易酿成大错。所以美国著名心理学家威廉·詹姆斯说："承认既定事实，接受已经发生的事实，放弃应该放弃的，这是在困境中自救的先决条件。"

　　在爱情当中尤其如此，爱了却失恋了，于是我们伤心、难过，在痛苦中无法自拔。谁都知道这是一种很傻的表现，但是大部分的人甘愿做爱情的傻瓜。我们妄想这件事情没有发生，我们妄想这段感情尚可挽回，我们妄想只要我们不放弃我们就不会失去……失恋的人总是很傻很天真。因为很快我们就会发现，无论我们多么不愿承认，失去的已然无法挽回，而在此期间我们又做了许多浪费感情的无用功。往往是经过长久的自我摧残之后我们才明白，当爱已经成为往事，放手才是最明智的选择。

　　安妮被男友甩了，理由是她这个专科毕业生根本配不上他这个研究生，他们根本没法沟通。安妮心里那个恨啊，没法沟通？他们可是谈了 3 年恋爱了啊，早怎么不说没法沟通？他研究生毕业了，现在才说没法沟通，真是可笑！刚刚分手那段时间，安妮非常痛苦，憔悴得简直不成人样了。朋友把她拉到镜子前面说："你看看你现在都成什么样了？失恋还不够啊？还失心疯了？没他你以后的日子就不过了，是不是！"

　　朋友的话让安妮清醒了过来，她明白了要是一直不放下这段作废的感情，她这辈子恐怕就搭进去了。于是，安妮将这段感情当作"沉没成本"沉没了，她开始重新整理自己的感情和生活，并且报考了研究生。经过一年多的努力，安妮终于考上了。

　　一段恋情可以带给我们很多东西，所以在失去时，我们总是万般不舍。但是如果我们沉浸于失恋的痛苦，就永远没有办法再继续迈出前进的脚步。既然失去，伤心总是难免，但是在伤心过后还是要学会放下。爱得起，放得下，把该沉没的沉没掉，勇敢地面对新生活吧！

第四章

成功心理学：成功学其实都是心理技巧

　　成功这件事，说难其实也不难。大部分人之所以没有成功，并不是因为他们不够优秀或不够努力，而是因为他们往往被自己的心理打败了。我们最难过的其实是自己那一关，我们不能坚持，于是我们半途而废；我们缺乏信心，所以我们轻言放弃；我们不够坚定，所以犹豫不决……这些都是我们的心理弊病。不是我们做不到，而是潜意识里我们"不想"做到。因为总是想着"做不到"，所以我们也就真的做不到了。如果你了解了成功心理学，那么你就可以克服自己的这些心理弊病，让自己再坚持一下，再努力一点，再有决断一些，这样也就离成功更近一步了。成功其实不难，只要打破自我防线！

成败效应——失败根本不是成功他妈

"失败是成功之母"，这句话流传了上百年，甚至上千年，然而这话真的可信吗？很多经历过失败的人会斩钉截铁地告诉你："成功压根儿就不是失败生的，这句话坑人啊！"

从心理学的角度讲，成功和失败是两个方向，成功只与成功联姻，失败也往往只与失败结伴。心理学家格维尔茨通过长期的研究，发现了成败效应的存在，即成功与失败绝对没有无法割裂的联系。比如说大名鼎鼎的项羽，从江东开始，他没有打过一次败仗，号称"常胜之师"。但是，垓下之败的阴影成为一团乌云笼罩在他的头顶和心里，他认为自己永无翻身之日，索性自杀。另外，历史学家研究表明，李自成到达北京之后，占领皇宫的机会多之又多，只要他抓住机会，就可以过足"万人之上"的皇帝瘾，可是结果如何呢？李自成最终死了。也许你会说，项羽和李自成如果不是以死告终，他们还会有翻盘的机会。那好，我们再来看看拿破仑的经历吧。众所周知，拿破仑是世界上最有名气的军事统帅，然而莫斯科和滑铁卢两次战败成为他的致命伤，这两次战败完全改变了他长驱直入的胜利局面。最终，拿破仑还是败给了欧洲国家的联合打击。

所以说，"失败＋失败＋失败＝成功"这一等式根本不存在。心理学家早就揭示过成功和失败的关系。成败效应表明，失败的花儿落了之后，并不一定能结出"成功"这个果实。成功就是成功，失败就是失败，它们是不可相提并论的两个不同概念。中国人讲究天时、地利、人和，如果你自身十分努力，又善于抓住转瞬即逝的机遇，成功自然会来，那么失败这个"母亲"也就无从谈起了。

成功和失败并不是因果关系，它们是各自独立的两件事。成功固然可贵，但是如果用"失败是成功之母"这句话来一次次回避失败的事实，那么最终的结果就是"母亲"一遍遍降临，而成功这个娇贵的"儿子"却不见得能够出世。

"失败并不可怕，下一次我就能够成功"，我们身边总会响起这种声音。如果这是自我鞭策、自我鼓励，只要有信心并加倍努力，那么成功自然指日可待。反之，如果只是用"失败是成功之母"来作为安慰自己的话语而不继续前行，那么成功就会像美丽多彩的泡泡，过不了多久就会"啪"的一声消失不见。

心理学家爱索尔曾就成败效应进行了多年的实践研究，结果表明，从主观方面来说，面对失败，不同的人有不同的理解，也会随之产生相应的解决方法。凡是从失败走向成功的人，都是意志坚定、善于分析，能够抓住失败原因并客观认识自我的人，这些人能够最大限度地利用失败带来的"红利"；相反，面对失败就畏缩放弃，或者继续使用不恰当的方法，只会加速失败，永远得不到成功。

所以，如果我们能够对心理学上的成败效应有一点了解，生活和工作中的很多事情都会迎刃而解。当事情失败了，只有从失败本身分析，才能够为成功奠定良好的基础。失败并不是成功他妈，即使看见失败这个"母亲"出现，成功这个"儿子"也未必会相伴相随，一切事情还需要我们自己努力、努力、再努力！

布里丹毛驴效应——不要让自己变成一头"蠢驴"

一个名叫布里丹的人养了一头小毛驴，他每天都要向农户买一堆草料喂它。有一天，农户额外赠送了一堆草料，布里丹将两堆草料都放在毛驴旁边。这下子可给小毛驴出了个大难题，两堆草料大小相等，质量一样，与它的距离也等同，究竟该吃哪堆呢？虽然毛驴可以自由选择，但是它始终在两堆草料间徘徊，左看看，右瞧瞧，根本拿不定主意。事情的结果让人大跌眼镜，最终，可怜的小毛驴竟然眼巴巴地看着两堆草料饿死了。

根据这一现象，布里丹总结出有名的心理效应——布里丹毛驴效应。它主要是指在两个相反而又完全平衡的推理之下，随意行动是不可能的。人们往往在决策过程中犹豫不决、迟疑不定。正因为左右都不肯放弃，所以无法做出有效的决策。

我们每个人在生活中都有可能变成布里丹的小毛驴，每当遇到人生的十字路口都会反复权衡，再三斟酌，在举棋不定的思考中让机会偷偷溜走。人生充满了选择，我们必须在各种选择中挑选一个。机会稍纵即逝，想要拥有紫霞仙子的月光宝盒让时间从头来过是不可能的事情。因此，做决断在某种程度上就是各种考验的交集。

蒲松龄在《聊斋志异》中讲述了这样一则故事：两个牧童在山林里发现了一个狼窝，狼窝中有两只嗷嗷待哺的小狼崽。两个牧童一人抱起一只小狼崽爬上了高高的大树，他们打算利用小狼崽来捕获老狼。

一个牧童在树上掐住小狼的耳朵，小狼开始嚎叫，老狼随即奔来，在树下疯狂地乱抓。

另一个牧童在旁边的树上拧小狼的尾巴，这只小狼崽也连声嚎叫，老狼又来到这棵树下，企图救回孩子。

老狼在两棵树下不断地奔波，它不知道先救哪只小狼崽好。最终，老狼累得气绝身亡。

老狼之所以累死，是因为它不想放弃任何一个孩子。倘若它能守住一棵树，就可能会救回其中一只小狼崽。也许我们会嘲笑老狼愚蠢，但是由于布里丹毛驴效应的作用，人往往比这只狼和这头小毛驴还要愚蠢。古人云："用兵之害，犹豫最大；三军之灾，生于狐疑。"说的正是这个意思。

生活这出戏剧永远没有结局，在矛盾迭起的过程中我们必须学会选择。这些选择没有明确的正误，我们也不可能猜中结局。在悬而未决中，我们的选择同时也意味着放弃。很多时候，选择的关键在于当初的果断与最终的坚持，而不在于选择的过程。如果你不想成为布里丹的那头小毛驴，就最好不要局限于选择本身。

布里丹毛驴效应是做决策时最需要规避的。如果我们的面前摆有两堆大小等同的草料，或者选择其中一堆大吃特吃；或者犹豫再犹豫，直至看着食物让自己饿死。看似前者带有"非理性"色彩，而后者拥有"理性"韵味。但实际上，对时机的正确判断恰恰是成功的重要组成部分，"理性"并非过度考虑，而"非理性"也不意味着盲目决定。布里丹毛驴面对着残酷的生存现实："吃"就可以生存，"不吃"就会死亡。

不要让自己成为这头小毛驴。抉择时，要果断，要抓住不可多得的机遇，让自己成为幸运之神眷顾的对象。

坚信定律——信仰的力量是无穷的

法国心理学家埃利亚做过这样的一个实验：在某个乐器培训班中，他随机选择几位初学者作为实验对象。

他将这些实验对象分为三组，第一组初学者顺其自然，没有加之任何影响；第二组初学者总有人为他们加油、鼓劲，坚定他们学习乐器的信念；第三组初学者则相对有些悲哀，总有人在他们耳畔说："坚持不下去就放弃吧。"

在为期半年的学习过程中，第一组初学者坚持下来的为51.67%，第二组初学者坚持下来的为96.54%，第三组初学者坚持下来的只有21.12%。由此我们可以看出，坚定信念具有十分重要的意义，如果相信自己能成功，多数都能实现预期的目标，这就是坚信定律的绝佳表现。

美国《信念的魔力》中有这样一段话来阐述信念："信念是始动力，能够产生把你引向成功的无穷力量，它往往驱使一个人创造出难以想象的奇迹。"也就是说，信念是成功的必备要素。每个人都渴望成功，然而并非人人都能够摘得丰硕的果实。如果你足够睿智，足够机敏，不妨在心理上运用坚信定律，将计划中的目标设定为最终的信仰，从而将信仰的强大力量作为成功的助推剂。《圣经》上曾说："坚定不移的信心就能够移山。"如果你有信仰，就会有前行的动力。

3岁时，小芳生了一场大病，无情的病魔带走了她的听力。6岁时，小芳看着小伙伴们背着书包走进学堂，十分羡慕，她哭着哀求母亲送她去学校学习。在那个信息闭塞的小县城里，寻找一个能够教育聋哑儿童的特殊学校十分困难。看着女儿充满求知欲的大眼睛，母亲咬牙答应了下来。

小学、初中、高中，在小芳坚定的信念中一晃而过。按照惯例，高中毕业后会有多家福利工厂前来招工，小芳的同学们纷纷走上了工作岗位。但是，小芳心中有着自己的梦想，那就是上大学，走进最高学府。为了说服妈妈，小芳含着眼泪写了一封长达5页的书信，信中这样一句话深深打动了母亲的心："从小到大，学习就是我的信仰。"最终，小芳凭着优异的成绩考进北京特殊教育学校。当她走进大学校园时，泪水滑过脸庞。多年来的求学历程甚为艰辛，其中的苦只有她自己知道。可是因为有了信仰，她并没有怕过苦和累，而是信心满满地阔步走在学习的道路上。如今的小芳学满归来，她的脚下是一条通向美好未来的光明大道。

对我们来说，仅仅有目标是不够的，它必须和信仰结合起来。故事中的小芳正是因为心中有着坚定的信仰，不断努力，从而圆了她的大学梦。我们每个人同样如此，成功如同一朵美丽的花，倘若没有信心源源不断地输送养分，它最终会枯萎、凋零。

所以，我们应该坚信信仰的力量。通过坚信定律，我们知道一个人如果对某件事物有着强烈的欲望，就一定能够找到方法将其实现。在很多时候，失败者并不是因为本身平庸，也不是因为能力不够，而是他们没有树立坚定的信仰。忽略信仰的力量，结果只有一个，那就是离成功越来越远。想必你和我都不愿意成为失败者，那么我们就一同将"相信自己，坚定信仰"的口号喊响、喊亮吧！

重复定律——重复就是现实

"三人成虎"的故事相信大家已经耳熟能详了，第一个人说熙熙攘攘的集市上有只老虎，你肯定不会相信；第二个人向你传递这个信息的时候，你的心中可能会有些迟疑；这个时候，第三个人信誓旦旦地说在集市上看到过老虎，那么你在心中就会将疑问肯定化，认定集市上确实有老虎存在。这就是心理学中所谓的"重复定律"。

心理学认为，重复定律就是任何行为、思维，只要不断地进行重复，就会不断得到加强。在人的潜意识中，只要不断重复某种行为或者不断灌输某种思想，这些行为就会成为习惯，这些思想则会根深蒂固。中国有个成语叫作"熟能生巧"，说的就是这个道理。这个"巧"就是通过不断重复练习而实现的。

如今的人们喜欢关注新鲜的事物，认为重复的行为十分单调。但是，如果你想在现实生活中取得成功，那么对每件事情反复操作就可以寻得成功的入口。换言之，足够的忍耐力加上无数次重复等于成功。

奥本·海默是"原子弹之父"，某天他要在一家体育馆进行演讲。

听众们前来听演讲，发现台中央悬挂着一个巨大的铁球。约定的演讲时间到了，奥本·海默却没有出现，只有他的小助手拿着一把小锤子不断敲击铁球。1分钟过去了，5分钟过去了，10分钟过去了，还是不见奥本·海默的身影。听众位上嘘声一片，就在这时，演讲家姗姗来迟。"迟到"的他没有解释原因，只是问大家看到了什么。听众们七嘴八舌地回答："什么都没看到，只看见你的助手在重复着无聊的击打动作。"奥本·海默又问："那你们相信小锤子能够让铁球动起来吗？"观众们发出嘲笑的声音，认为这是天方夜谭。

奥本·海默示意助手不要停，40分钟过去了，大铁球开始摆动，助手继续重复着敲打动作，铁球竟然越摆越高。

这一刻，场内掌声雷动。奥本·海默此时才拉开演讲的序幕，他说："成功的道路简单而又复杂，简单是指只要你找准方向就能够实现目标；而复杂则是指这个重复的动作你有没有耐心做到，如果你没有，你的一生就会与成功失之交臂。"

奥本·海默清楚地告诉我们，只要认准前进方向，就要一直坚持走下去。这就如同攀爬一座大山，周而复始的动作也许会让你厌倦，然而坚持下来，你就会站到峰顶欣赏别人看不到的景色。

重复定律告诉我们，成功与失败之间只是一小步的距离。很多时候，一个简单的步骤就能影响最终结果。梦想成功却失败的人并不是能力不够，而是他们没有毅力坚持下来。只有一次次重复敲击着属于自己的目标，才能够离目标越来越近。如果你不想草草地给人生画上一个句点，那么就要牢记"重复"二字和它背后的真正含义。

俗话说："世上无难事，只怕有心人。"同样，失败最害怕的就是重复。一件小小的事情不断重复着去做，最终能够实现宏伟的目标。重复对于没有毅力的人来说会厌倦，可是对于毅力极强的人来说是一种享受。在重复中，我们可以收获沉甸甸的甜美果实，最终品尝到成功带来的成就感。在重复中，我们会让事情发生由量到质的蜕变。我们如同一只青涩的毛毛虫，只有努力地重复吐丝，才能够化茧成蝶，成为展翅飞舞的美丽蝴蝶。是当一辈子毛毛虫，还是自由地穿梭在花丛中，这一切都由你说了算！

光环效应——我是明星我怕谁

著名心理学家戴恩曾做过这样一个实验：他给受试者看了一组照片，照片上的人有的魅力非凡，有的没什么魅力，有的比没有魅力更差。然后，戴恩安排这些受试者与照片中的人接触，要求受试者根据接触情况，对这些照片中的人进行各个方面的评价，如口才、内涵、学识、修养等。

结果发现，与在照片中没有魅力的人相比，那些在照片中呈现出非凡魅力的人得到的评价要高很多。受试者大都会给照片中魅力非凡的人以好的评价，即使其在那方面的表现并不是那么出色；而对那些照片中没有什么魅力的人，受试者给出的评价往往低于他们所表现出来的。

由此，戴恩得出了这样一个结论：在认知过程中，人们往往有以偏概全的倾向——当人们对一个人的某种特征产生好的或坏的印象后，往往会据此推论该人其他方面的特征。一个人如果某一方面被标明是优秀的，并被人们所认知，他就会被笼罩在一种积极肯定的光环中，他的其他方面往往也会被人们给予肯定；相反，如果一个人某一方面被标明是差劲的，他就会被一种消极否定的光环笼罩，而人们对他其他方面的评价往往也是否定的。这就像月晕，月亮周围的大圆环是月光的扩大化一样，由一个中心点逐步向外扩散，扩散出全部或好或坏的整体样子。这就是光环效应，也被称为"晕轮效应"。

值得我们注意的是，最早提出光环效应的并不是戴恩，光环效应早在 20 世纪 20 年代就被美国著名心理学家爱德华·桑戴克提出了，而戴恩所做的实验不过是进一步证实了它。并且，光环效应不仅表现在以貌取人上，其他诸如以服装判定一个人的地位、性格，以初次言谈判定一个人的才能与品德等，都是光环效应的体现。

尼克是一家皮具生产厂家的老板。有一次，朋友介绍一位皮具经销商朋友给尼克认识，在电话里不断称赞这位经销商，说此人虽然是一个女人，但其经营手段很高明，销售业绩更是卓越等。尼克对这类称赞已经司空见惯了，所以答复说一切等见面再谈。而当见面时，尼克下意识地觉得这个女人真的如同朋友说的那么好：深灰色的小 V 字领开襟外套，垫肩长袖，搭配长过膝盖的直筒裙，内配柔和美丽的 V 领粉红色羊毛衫，整个着装尽显女人的成熟和自信。而此次谈话的效果更是出人意料的好，双方很快就达成了合作的意向。

为什么阅人无数的尼克依旧会被这位女经销商"征服"呢？因为尼克对女经销商的外表相当满意，评价很高。而之前朋友对女经销商的那些赞美不停地扩散，进而让尼克判定女经销商的其他品质也是好的，是值得自己选择的合作伙伴。

女经销商这种善于运用光环效应的心理学智慧是非常值得我们学习的，这会大大增加我们成功的砝码。

当然，悉心打造自己良好的个人形象，让自己体貌方面的光环扩散到其他方面，从而获得他人的认可与支持，进而成功，这是对光环效应的智慧运用。致力提高自己具有天赋的那一方面的能力并秀出这种能力，让他人叹服，进而在其他方面也赢得他人的认可，同样是对光环效应的良好运用。不要羞涩或者害怕，你只需要将自己最好的那一面展现出来，然后告诉自己"你就是明星"！我们要打造出自己的光环，并且用光环去影响他人，进而为我们的成功添砖加瓦。

角色效应——每个人都是戏子

人生就是一个大舞台。在各自的人生舞台上，每个人都扮演着不同的角色，可以说我们都是戏子，我们都有自己的角色需要扮演，我们的目的就是将自己人生的这台戏唱好。这是我们的任务，也是每个人的心理诉求。在实际生活中，每个人真的都在扮演着自己的角色，来看日本心理学家长岛真夫等人做的这个实验吧！

他们选择了某学校小学五年级的一个班作为实验对象。这个班一共有47名学生，实验者在这个班里挑选了8个地位比较低的学生为班干部，并适当地指导他们完成工作任务。一个学期之后，实验者发现这8个人在班里的地位有了明显的提升，其中6个人在第二学期班级委员选举中顺利连任。此外，他们也发现这6名新班干部的性格有了显著的变化，比如明显开朗活泼了，自信心和自尊心也比之前强了很多，另外他们的活动能力、组织能力和责任心都有所提高。从对全部47名学生的整体统计来看，那些原本不爱参加集体活动的孤僻学生人数减少了，整个班的风气更加积极向上了。

到底是什么改变了这些学生的性格和精神风貌呢？在班里原本地位比较低的那6名学生因为被赋予了新的角色——班干部，从而自觉或不自觉地开始用班干部的标准来要求自己，最终通过不断努力使自己成为一名具有班干部能力的学生。这就是心理学上所说的角色效应。

什么是角色效应呢？心理学家普遍这样定义角色效应：在现实生活

中，人们往往以不同的社会角色工作和生活，而角色改变又会导致人们的心理或行为方面发生变化。

有位心理学家对一对同卵双胞胎进行了一段时期的观察：这两个双生女孩长相非常相似。她们从小生活在父母的身边，从小学、中学到大学，她们一直在相同的学校、相同的班里学习。然而这两姐妹的性格却大相径庭：姐姐性格开朗热情，交际面很广，遇到问题总能果断利索地独自处理，很早就能够独立工作；妹妹则跟姐姐相反，她很内向，不善言谈和交际，依赖性非常强。

是什么使得这对姐妹性格如此不同呢？原来是因为她们从小扮演的角色不一样。父母认为姐姐比妹妹大，因此有义务照顾妹妹，而妹妹则凡事要听从姐姐的。这样一来，姐姐就以保护妹妹的角色成长为一个独立自信的女孩；而妹妹则因为长期被保护而缺乏锻炼自己的机会，从而变得性格内向且依赖性强。

由此可见，角色效应对人们的影响是非常大的。在现实生活中，处处可以看到角色效应，比如充当"教师"这个角色，就会有"为人师表"所要求的举止稳重、谈吐文雅等角色要求；充当"运动员"这个角色，就会有遵守纪律、刻苦训练、胸怀为国争光理想等角色要求；充当"公务员"这个角色，就会有清正廉洁、为人民服务、有苦难我先上等角色要求……只要处在社会之中，每个人都不能逃离角色要求。

综上所述，对于个人来说，根据自己的实际情况进行角色行为或改变角色之前，都要认真考虑角色效应，切勿冲动。只有认清了自己的角色，并且努力去扮演好，我们的人生才更容易成功。各位，加油吧！

手表效应——选你所爱，爱你所选

有这样一则寓言故事：

森林里有这样一群猴子，它们日出而作，日落而息，日子过得无忧无虑。一名游客在路过森林的时候不小心遗落了自己的手表，猴子"猛可"捡到了这块手表。聪明的"猛可"经过研究很快就弄懂了手表的用处。由于它掌握着确切的时间，因此猴子们的作息时间都听它指挥，很快它成了这个猴群的猴王。"猛可"觉得手表是吉祥之物，能给自己带来好运，因此它想要得到更多的手表，于是它每天在森林里找寻，很快它又找到了两块手表。但是这些手表给它带来了大麻烦，因为几只表的时间各不相同，它不知道要相信哪只表的时间。当猴子们来问时间的时候，它总是答不上来，很快它就被赶下了台。新猴王霸占了"猛可"的那些手表，可是它也遇到了"猛可"遇到的麻烦，那就是到底哪只表的时间才是准确时间呢？

这就是英国心理学家 P. 萨盖提出的手表效应。手表效应的原始含义是这样的：当只有一只手表的时候，人们能够确定时间；当拥有两只或两只以上手表的时候，各个手表时间不同，人们反倒没办法确定时间了。更多手表不仅不能让人们知道准确的时间，反而会引起时间混乱。手表效应的深层含义是指任何人都不能同时拥有两种不同的价值观，一旦发生这种情况，人们的行为就会陷入混乱。

在现实生活中，如果你同时拥有两块或两块以上的手表，你要做的不是左顾右看，而是尽快从中找到一只较准确的手表，以它指示的时间来确定自己的行程。同理，如果你同时被几个不同的价值准则拉扯着，你要做的就是果断选出最符合社会道德和自身信仰的那个价值准则，并以这个准则为标准来规范自己的行为。尼采说过："哥们儿，假如你非常幸运，你只要一个道德标准就够了，不要贪多，这样你才能更容易地通过桥。"

不贪多是手表效应给我们的重要启示。

有这样一个案例：雷·克洛克是麦当劳品牌的创始人之一，如今他已经成为全球闻名的企业家了。据了解，最开始从麦当劳兄弟那里得到特许经营权的一共有两个人，克洛克和一个荷兰人。克洛克与荷兰人的经营方法并不相同，克洛克只开麦当劳快餐连锁店；那个荷兰人则不仅开麦当劳快餐连锁店，而且还开了养牛场、牛肉加工厂。当年人们都觉得荷兰人更聪明一些，因为他把所有的钱都自己赚了。过了一些年，克洛克的麦当劳快餐店开遍全球，而那个"聪明"的荷兰人早就破产了。

克洛克之所以成功，是因为他选择了自己最擅长的快餐店经营。这样一来，他就可以更专注，从而将全部的精力、时间、智慧等都用在这一件事情上，最终将麦当劳发展为全球快餐业数一数二的知名品牌。而荷兰人由于贪多，又开快餐店，又开养牛场、牛肉加工厂，他的精力过于分散，难以专注在某一件事上，最后由于力不从心而走向失败。我国古人所说的"多则心散，心散则志衰，志衰则思不达也"，就是这个道理。

简言之，每个人都要记住这样一点：无论做什么事情，都不能贪多。倘若每个人都可以"选择你所爱，爱你所选择"，那么不管成功与否，大家都能够享受生活的乐趣。

塞利格曼效应——没有绝望的事，只有绝望的人

1975 年，美国著名心理学家塞利格曼做了这样一个实验：

他将狗关进一个装有电击装置的笼子里，当狗受到电击时，它虽然不会毙命，却会觉得非常痛苦。一开始，被电击的狗会拼命地挣扎，企图逃离这个笼子；但几次之后，它发现无法逃脱，就放弃了挣扎。

然后，塞利格曼将这只狗关进另一个笼子。这个笼子中间有一个挡板，其高度是狗完全可以轻易地跳过去的。当狗受到电击的时候，它只要跳过挡板，来到笼子的另一边，就可以逃离被电击的痛苦。然而，让塞利格曼出乎意料的是，这只饱受电击折磨的狗完全不尝试逃脱，它就一直静静地卧倒在那里，绝望地忍受着被电击的痛苦。

为了对比，塞利格曼又将一只没有遭受过不能逃脱的电击的狗放进了有挡板的笼子里。结果，一被电击，狗就迅速地跃过挡板，从而逃脱了被电击的痛苦。

塞利格曼认为，那条饱受电击折磨的狗之所以不再逃脱电击，是因为它在实验的初期所遭受的无法逃脱的痛苦，让它形成了一种心理上的无助感。一次次挣扎后却依然未能摆脱痛苦，让它意识到，电击是由外界所掌控的，无论自己做什么都无法阻止电击的到来，于是便绝望了，当能够逃脱的机会来临时，它也不再去尝试了。

塞利格曼将实验中狗的绝望心理称为"习得性无助"，这是一种会阻碍人们发展的消极心理。现实生活中，当一个人屡次遭受打击或遭遇

挫败，就容易绝望，其精神支柱会瓦解，斗志也随之丧失，最终在习得性无助心理的影响下放弃努力，陷入绝望，与成功再也无缘。

其实，在成功来临之前，我们经历的往往都是失败、苦难等各种各样的考验。在这个过程中，如果我们不能保持希望，任由自己陷入绝望，陷入习得性无助之中，我们便会彻底地失去成功的机会。

所谓苦难，是当你把它视为苦难的时候，它就是苦难，不折不扣的苦难，让你痛苦，让你消沉。但如果你换一个角度，把苦难当作一种经历、一种过程、一种感受、一种体验，它就变成了一种力量、一种精神、一种财富。苦难，对于弱者，它是痛苦，是不幸，是毁灭；而对于强者，却是熔炉，能使其百炼成钢。

艰难困苦，挫折打击，伤残失恋，都不足以打垮一个人，只有你认输了，你胆怯了，你放弃了，你才会被自己打垮。苦难是人生的一笔财富，正是因为有了苦难，人们才拥有了战胜苦难的勇气。面对苦难最好的办法就是去直视它，勇敢地面对它。只有这样，它在你的面前才会望而却步。具体地说，为了避免被习得性无助心理拖入失败的深渊，心理学家们给出了以下建议：

第一，要具备正确的挫折观，善于从辩证的角度看问题。挫折带给人们的绝非只是痛苦，它还能催人奋进，让人变得成熟。常言道："自古雄才多磨难，从来纨绔少伟男。"从古到今，几乎所有能人志士都曾遭受过不同程度的挫折和失败。

第二，要学会调整自己的奋斗目标。目标定得过高，难免会让人觉得行为受阻。当你觉得四处碰壁时，就要停下来衡量一下了，看看是否把目标定得过高了。假如果真如此，就必须马上调整，以免走过多的弯路。

第三，要努力摆脱不良情绪。遭受挫折时还能够开怀大笑的人少之又少，艰难困苦难免会让人陷入悲观失望的不良情绪中。我们要学会宣泄自己的情感，不要让它们在心里压抑太长时间，否则很容易将失望升级为绝望。

第四，要让挫折成为你的兴奋剂。挫折有时也能起到催人奋进的作用，它不仅可以激发人的斗志，让我们敢于和命运抗争；同时，它也使我们增长了智慧，让我们更有创造力。

第五，要提高自己的心理素质。错误的判断使得我们不自觉地升级了挫折带来的痛苦，从而使我们直面困难的信心大打折扣。倘若我们具备较强的心理素质，就会无视艰难，迎接新的挑战。

总的来说，在追求成功的过程中，失败、苦难是我们必须经历的。面对它们，我们只有始终满怀希望，不断尝试着去跨越它们，才有可能获得成功。反之，如果我们因而认为"我真的不行"，从而陷入习得性无助的心理状态中，那么就会自设樊篱，把失败的原因归结为外界不可改变的因素，进而绝望地放弃继续尝试，破罐子破摔，这样我们的人生将永远停驻在失败的深渊。

远离绝望吧，学会客观理性地为自己的成功和失败找到正确的原因吧，让所有宿命论的消极想法都远离我们吧。当我们满怀希望地行进在追梦的道路上，我们会更快到达成功的彼岸。

半途效应——平庸不是个人的问题

我国古代有一个非常著名的故事，即"乐羊子妻"，说的是乐羊子的妻子是一个深明大义、非常有远见的人，正是她的智慧成就了乐羊子这个贤人。

故事是这样的：在战国时期的魏国，有个名叫乐羊子的人本来不学无术，但是幸运地娶了一个非常贤惠的妻子。也正是他的妻子将他推向了一条光明坦途。

一次，乐羊子在回家的途中无意间捡到一块金子，心里那个美呀，以为得到了很大的便宜。他一回到家就开心地将这件事情告诉了妻子，并把金子拿到妻子面前炫耀。他的妻子看了之后不但没有高兴，反而面色凝重起来，但还是语气温和地对自己的丈夫说："我以前听人说过'壮士不饮盗泉之水；廉洁的人不食嗟来之食'。你从路上捡来的金子，跟盗泉之水和嗟来之食有什么分别呢？怎么能够拿回家来呢？"

乐羊子听完妻子的话后非常惭愧，于是又把那块金子扔回原来自己拾起它的地方。也正是从那时起，乐羊子感觉到了妻子的贤德与自己的平庸，于是他决定发愤图强。

第二年，乐羊子便离开家外出求学。他来到一个很远的地方，拜师学艺。乐羊子的妻子满心以为自己的丈夫已经觉悟，此行必有所成，谁知没过多久丈夫就回来了。当时乐羊子妻正在织布，看到丈夫出现在自己面前很是惊讶。她问乐羊子："你怎么这么快就回来了？学业已经完成了吗？"

乐羊子像一个犯了错的孩子一样喃喃地说："学业尚未完成。可是我离家这么长时间，天天想家、想念你，所以回家来看看！"

妻子看到乐羊子如此不争气，什么话也没说，抄起一把剪刀，三下五除二就把织布机上织了一半的布匹剪断了。乐羊子不明所以，连忙上前阻止自己的妻子，然而为时已晚，布匹已经完全断了。

他问自己的妻子为什么要这样做，妻子回道："我这织布机上的布匹是一丝一缕慢慢织成的，它一寸一寸地累积，先成尺，再成丈，然后再成匹，是长期辛劳积累的结果。现在我把它从中间剪短了，就等于前功尽弃，以前的力气也全都白费了。你读书就跟我织布一样，如果半途而废，就很难再接上，浪费了力气不说，还一事无成！"

乐羊子被妻子的话彻底说服了，他连夜收拾行李，一刻也不敢耽误，回到了老师那里继续求学。其间他再也没有动过回家的念头，一直到几年之后终于完成学业，才衣锦还乡，与妻子团聚。

乐羊子的成功源于妻子帮助他克服了心理上的半途效应。半途效应是指在某事进行到一半时，由于心理因素及环境因素的交互作用而导致对目标行为产生一种负面影响。乐羊子第一次求学无成，就是这个因素在作怪。当他在妻子的劝说下有效克服半途效应后，成功便降临了。

我们都有过这样的心理感受，当一个目标看上去太高、太宏伟的时候，我们就会觉得这个目标实现起来很难，便不由自主地出现焦虑、烦躁、紧张等负面情绪。于是，我们会产生中途放弃的念头，结果我们自然与成功背道而驰。大量事实表明，与成功失之交臂，并不是个人的平庸导致的。除了意志力等主观因素外，目标设定不合理是出现半途效应的根源。

"多年来，我一直奋力地向上攀登，但是总会遇到阻碍，"职场人士张先生说，"和我一起入职的人都晋升加薪，只有我平平庸庸、碌碌无为。"看起来，张先生很苦恼。

为了找出症结所在，张先生决定向心理咨询师求助。心理咨询师听过张先生的叙述，认真地为其分析：张先生做事情的目标都很明确，但总是由于半途而废令整个计划泡汤。

"难道是我技不如人，才令自己如此平庸？"张先生问道。"当然不，你不是平庸，关键问题在于你中半途效应的毒太深了。"为了帮助张先生有效克服半途效应的消极影响，心理咨询师开出了一个药方：

病因特征：做事情半途而废，致使个人表现平庸。

病症所在：半途效应

药品名称：

1. 合理选择目标。

2. 增加个人意志力锻炼。

按照这个药方，张先生谨遵医嘱，试用了一段时间后，果然取得了阶段性的胜利。

心理学家针对如何克服半途效应的负面影响提出了"大目标、小步子"的六字原则。这个原则是指做事前一定要做好评估，然后根据个人能力和实际情况将其分为几个步骤逐一实现。俗话说"心急吃不了热豆腐"，世界上没有一步登天的事情，只有踏踏实实地走好每一步，才能意志坚定地实现自己的目标，最终达到胜利的彼岸。

冰激凌哲学——逆境里的磨炼

我们知道夏天是冰激凌的畅销期，那么，我们是否就从夏天来临的时候开始卖冰激凌呢？心理学家告诉我们，这样的做法是错误的，正确的做法是，卖冰激凌必须从冬天开始。

虽然对于冰激凌来说，冬季是淡季，是冰激凌销售商的逆境，但是这样的逆境会迫使我们降低成本，改善服务，磨炼我们的销售技能。如果我们能在冬天的逆境中生存下来，那么到了夏天这样的旺季，我们必能大有所为。

心理学家们将"要想成功地卖冰激凌，就要经历冬季这样的逆境的磨炼"这一法则称为"冰激凌哲学"。心理学家们指出，在追求成功的道路上，只要我们摆正心态，逆境就不是阻碍，它可以磨炼我们的心性、能力，激发我们的心理潜能，推动我们去获取更大的成功。

生活中，那些成功、优秀的人往往都经历过逆境的洗礼。在真正获取成功前，他们先从逆境中获取了成功的资本。

富兰克林·罗斯福是美国最伟大的总统之一。在年轻的时候，他就凭着自己的智慧、干练、胸怀宽广，深孚众望。再加上他的叔叔、美国前任总统西奥多·罗斯福所传授的从政经验，在从政这条事业之路上走得一帆风顺。但是，在1921年的一场森林大火中，他跳进冰冷的海水中救助一名落水儿童，因此患上了脊髓灰质炎，从一个意气风发、前程似锦的人变成了一个轮椅上的残疾人。然而遭受巨大挫折和折磨的他并没有像大多数人一样自暴自弃、一蹶不振，他开始思索、探求。为了在逆境中找到出路，他不仅阅读了大量的医学书籍，而且阅读了许多有关美国历史、政治以及世界名人传记的书籍。通过广泛的阅读，罗斯福开阔了眼界和思路，更学会了尊重和理解。就这样，他在轮椅上一天天成熟起来，从一个年轻贵族成长为一个能理解下层人民的人道主义者。而这逆境带给他的转变，是他日后能够入主白宫的关键。

对于渴望、追求成功的我们来说，逆境就如同冬天之于冰激凌销售商，是一笔宝贵的财富。

维也纳的弗洛伊德学派心理分析家海因茨·科胡特曾在 20 世纪 70 年代提出了"适度的逆境"这一理论：假如一个人在成长过程中经历过逆境，那么他就有了一定的心理准备，去面对残酷的社会竞争；相反，那些在温室里长大的孩子，从没有经历过任何风吹雨打的人，由于没有任何经验，没有应对困难的心理准备和能力，在面对困难的时候，他们很有可能会一蹶不振。在后来的调查中，海因茨证实了自己的这种推论，大器晚成者，大都是从逆境中走出来的。

逆境并不是商品，我们喜欢便可以买下来，不喜欢便可以不买，逆境往往突如其来、无法预知。所以在面对逆境时，我们可以伤心难过，但绝不能屈服。也许你不能预知困难和逆境是否到来，但是用什么样的方法来面对，却是你可以选择的。我们有权利在逆境来临时，想尽一切办法将逆境变成顺境。

请记住，在追求成功的道路上，遵循冰激凌哲学，我们最终将会获取成功。

韦奇定律——耳根子别那么软

成功的人都有一个特质，那就是有自信、有主见。当然，这并不代表他们是固执的，别人的话他们也会听，也会参考，只不过对于自己认为对的事情从不妥协。正是这份坚持让他们在成功的道路上走得更远。不过，成功的人毕竟只是少数。大部分人都有一个通病，那就是耳根子软，一个人说的话也许他不会相信，可是如果说的人多了，他就会怀疑自己当初的判断。这是一个普遍的心理现象，在心理学中被称为"韦奇定律"。

这条定律是由伊渥·韦奇提出的。韦奇毫不避讳地揭示了人类的一个共同的心理弱点：即使你已经有了自己的想法，但是如果有 N 个朋友不同意你的观点，甚至和你的想法相反，你就会轻易动摇。也就是说，即使我们有自己的见解，但是在别人的怂恿下很容易改变自己的初衷。

为什么会这样呢？因为我们害怕被孤立。当别人提出不同的意见时，不管其对错，我们都会拿来跟自己的意见做对比，然后选择有利于自己的那一个。尽管有时候我们一开始的想法是对的，却不愿坚持。而且说的人多了，我们内心"少数服从多数"的机制就会启动，就会怀疑自己观点的正确性，并且重新考量别人意见的价值。所以，韦奇定律所揭示的是人之常情，只有契合这一定律，似乎才显得我们能从善如流。

我们之前提到过"三人成虎"的案例，其实"三人成虎"是魏国大夫庞恭给魏王讲的一个故事。庞恭之所以给魏王讲这个故事，就是为了提醒魏王耳根子不要那么软，被韦奇定律所左右。

事情是这样的，庞恭本来是魏王身边的红人，魏王对他非常信任，经常将重要的事情托付给他办。这不，大事又来了，魏国要将太子送到赵国做人质，于是魏王派了自己信赖的大臣庞恭陪同、保护太子一同奔赴赵国都城邯郸。

在临行之前，庞恭很是担心，自己去没问题，但是自己走后朝野变成什么局面他可就没办法控制了。因为魏王身边有一堆小人，其中还有一些人跟自己有过节，所以他害怕自己走后，这些小人搬弄是非，挑拨魏王和自己的关系。于是庞恭便跟魏王讲了这么个"三人成虎"的故事，并且提醒魏王，不管别人说什么都要相信自己的判断，而且要注意思考——就像尽管大家都说闹市中有老虎，但是老虎因为害怕人群根本不会出现在闹市中一样，对于别人说的话，他应该多加思考和分析，不要别人说什么就信什么。

魏王当然满口答应，他认为自己是一个有判断力的英明君主，再加上他对庞恭如此信任，又怎么会听信别人的挑拨呢？

但是，很显然，我们总是过于自信，魏王也不例外。虽然他一开始听到庞恭的坏话坚决不信，但是经不起别人说得多，经常说，而且说得有理有据、绘声绘色。渐渐地，魏王开始怀疑庞恭对自己的忠诚度，开始怀疑自己原来的判断，紧接着彻底否定了庞恭这个人。所以当庞恭从邯郸回来之后，原本劳苦功高的他并没有得到应有的礼遇，因为魏王再也不想看见他了！

这就是韦奇定律带来的恶果，即使是自诩英明和有决断力的魏王也不能逃脱它的魔咒。坚持自己认为对的，因为一个人成功的程度取决于他对自己信念的执着追求程度。就像巴普洛夫说的那样："如果我坚持什么，就是用炮也不能打倒我！"有了这种精神，你才有可能成功！

蜕皮效应——把旧皮蜕掉才能长大

　　想必大家都见过蛇，这种可怕的冷血动物有着非常强大的身体，它们甚至可以吞下比自己的体积大几倍的动物。可是我们也知道，其实蛇身上的那层皮是不能生长的，它每年只有蜕去旧的皮，才能让自己长得更大。其实人也一样，虽然人的身体长大、长高不需要蜕皮，但是心灵的成长在不断地经历着这样一个"蜕皮"的过程。只有经历了这个过程，人的心智才能一点点地成长起来，才能一点一点地走近成功。

　　在每个人的成长过程当中，出于自我保护的需要，我们都会为自己划定一定的安全区。同时，也正是这个安全区束缚了我们的成长，阻碍了我们前进。因此，想要超越自己目前的成就，就一定要突破自我局限。只有勇于接受挑战，不断超越自己，我们才能不断地成功。心理学上，将通过不断超越自己取得成功的法则称为"蜕皮效应"。

　　我们每个人的心灵上都有一层禁锢我们的皮，只有把这些皮蜕掉，我们的心才能变得更强大。那么这些禁锢我们的死皮究竟是什么呢？它是我们在工作和生活中遇到的许多羁绊和束缚，是我们心理上过不去的那些坎儿。对于这些障碍，很多人显得束手无策，殊不知"束"住我们手的不是别人，而是我们自己。我们被一些难以跨越的障碍囚禁起来，使我们在前进的道路上动弹不得。我们必须清楚只有摆脱那些不健康的心态和偏激的态度，我们的心灵才能走向光明大道。看看世界著名游泳健将弗洛伦丝·查德威克是怎么做到的吧。

弗洛伦丝希望创造一个新的世界纪录，为此她决定从卡得林那岛游向加利福尼亚海湾。当距离她完成挑战仅仅剩下1800多米时，她却决定要放弃了，而这段距离对于平时的她而言根本就是小菜一碟。不过很遗憾，现在的弗洛伦丝已经不是平时的那个自己了。海上弥漫的大雾让她看不到尽头，她心里开始犯嘀咕："怎么看不到头呢？这要到什么时候才能游到彼岸啊？"

有了这些念头之后，弗洛伦丝失去了信心。信心没了，支撑自己向前的动力也就没了，她一下子变得浑身困乏，于是她放弃了挑战。

弗洛伦丝比谁都清楚，阻碍她成功的并不是大雾，而是她内心的动摇；是在大雾将她的视线挡住之后，自己失去了创造新纪录的信心，所以她才被大雾所俘虏。这次的经历让弗洛伦丝非常懊悔，两个月之后她决定再战加利福尼亚海湾，目的只有一个——冲破自己的心理极限，弥补上次造成的过失和遗憾。

这一次，弗洛伦丝显然做好了"蜕皮"的准备，她发誓一定要冲破那一道心理障碍。所以遇到同样四周茫茫一片的大雾天，她的意志却更加坚定了。尽管游到最后时，疲乏感再次席卷而来，但是想到上次的教训，弗洛伦丝不停地对自己说："千万别放弃，终点已经越来越近了！我一定要坚持住，我一定可以打破纪录，一定可以！"

正是潜意识里这种坚定的信念和打破纪录的强烈信心，使她浑身再次充满力量，最后不用说你也猜得到，她战胜了自己，打破了失败的魔咒，创造了新的纪录。而她的这次经历无疑让她完成了一次心灵的自我蜕变，让她从不自信的枷锁当中挣脱出来，实现了一次自我超越和自我成长。而这一过程，也为她带来了成功的喜悦！

蜕皮的过程当然没有我们想象的那么轻松，它伴随着挫折、痛苦和挣扎，意志稍为不坚定，就会产生放弃的念头。但是你知道，为了成功和成长，你不能放弃，否则你也就放弃了让自己成功的机会。所以，面对挫折、沮丧、孤独和迷茫，你能做的只有坚持和奋斗，这是成功者必备的素质，也是超越自我和成就自我的契机！

懒蚂蚁效应——傻干没用，你得先学会思考

不要以为所有的蚂蚁都是勤劳的，在这个以"勤劳"著称的族群中照样存在懒家伙。这是生物学家们在观察蚁群活动时发现的一个奇怪现象，在蚁群当中总会有几个什么事也不干的家伙。在其他蚂蚁四处寻找、努力搬运食物的时候，这些懒家伙却东张西望、袖手旁观。

大家一定会想，这些懒家伙在蚁群中一定不受欢迎，甚至会被排挤。如果你这么想，那你就大错特错了。这些懒蚂蚁不仅不会受到同伴歧视，反而在蚁群中有很高的地位和威望。这又是为什么呢？因为这些懒蚂蚁虽然不干活，却比干活的作用更大，每当蚁群中有重大事件发生的时候，真正能派上用场的正是它们。比如蚁穴被捣毁的时候、食物来源断绝的时候，那些勤快的蚂蚁往往一筹莫展，而这就到了这些懒蚂蚁大显身手的时候，它们很快会带领蚁群找到新的巢穴和食源。因此，生物学家认定，这些懒蚂蚁比勤快蚂蚁的作用更大，因为它们更加善于观察和思考，这就是所谓的"懒蚂蚁效应"。

生物学中的懒蚂蚁效应同样也适用于人类的普遍心理，它要告诉我们的是，不管我们做什么，如果想要成功，那就得勤于思考和观察。有这样一个小故事你可能听说过：

有一个非常刻苦的学生，他非常努力地学习，整天泡在实验室里，希望有一天能够有重大的发现，成为世界瞩目的科学家。然而这位学生的成绩却不怎么好，为此他去请教自己的导师。

这位导师是一位非常有名的教授，他并没直接回答学生的疑问，而是问他："每天清晨你在做什么？"学生老实地回答："我在做实验。"

"那每天上午你在做什么？"教授又问。

"我在做实验。"学生回答。

"那每天下午呢？"教授继续问。

"我还在做实验。"学生给出相同的答案。

"晚上呢？"教授再问。

"也在做实验，"学生说，"我每天早上 5 点起床之后就会马上跑到实验室做实验，一直到晚上 12 点才休息。我每天都这么努力地做实验，一点个人时间都没有，为什么我还是什么科学成果都得不到呢？"

教授笑着说："问题就在这里。你一天到晚都在做实验，那你用什么时间去思考呢？"

教授一语惊醒梦中人，学生一下子明白了，无论自己怎么努力地做实验，得到的仅仅是一堆毫无意义的数据而已，自己根本没有时间好好地去思考和整理这些数据，自然也就不会得出结论。事实就是如此，不管一个人的知识多渊博，学习多刻苦，积累多丰富，如果他不善于思考，不给自己的大脑留一些空间去整理得到的信息，那么他即使再刻苦，也不会有多么大的成就。只有做一个善于思考和观察的懒蚂蚁，才能将那些获得的知识融会贯通，变成自己的东西，发挥它们的巨大作用。让我们来看看这些"懒蚂蚁"的成就吧：善于思考的牛顿看到掉下来的苹果，于是引发了他对万有引力的思考和研究；勤于发现的瓦特看到被蒸汽顶起的壶盖，从而开始研究并发明了蒸汽机，引发第一次工业革命……这样的例子不胜枚举，思想家们在实业上看似没有任何贡献，却世世代代被人尊敬，正是因为他们是人类当中的"懒蚂蚁"。其实你也可以成为他们当中的一员，只要你愿意停下来好好去思考一下！

马太效应——损不足以奉有余

在《圣经》的《新约·马太福音》中有这样一则著名的寓言：

一个国王有 3 个忠诚的仆人，他对他们都非常器重。只不过，他也不知道他们到底孰优孰劣，所以一直想找个机会看看 3 个人的能力。有一天，机会来了，国王要出外远行，他将 3 个仆人叫到跟前，然后 1 人给他们 1 锭银子，并且告诉他们要好好保管，回来的时候他会检查。

几个月之后，国王回来了，3 个仆人前来拜见国王，并且将国王交付保管的银子还给国王。

第一个仆人拿出自己的银子，它已经不是原来的 1 锭，而是变成了 10 锭。他骄傲地跟国王说："主人您看，在您走后我利用您给我的 1 锭银子，赚了 10 锭。"国王看了很高兴，于是奖励给他 10 座城邑。

第二个仆人也拿出自己的银子，他的银子变成了 5 锭。他对国王说："主人，在您走后，我用那 1 锭银子赚回来 5 锭银子。"国王也很高兴，于是奖励给他 5 座城邑。

到了第三个仆人，他把 1 锭银子拿了出来，对国王说："主人，我一直听您的话，好好珍藏、日夜看守着您给我的那锭银子。您看，它跟原来一模一样，没有改变，也没有丢失。"国王看后摇了摇头，将第三个仆人拥有的唯一的 1 锭银子也赏给了第一个仆人，然后说："凡是少的，就把他拥有的全部夺过来；凡是多的，就给他更多。"

《圣经》中国王的话似乎跟中国老子的一句话有异曲同工之妙："天

之道，损有余而补不足。人之道，则不然，损不足以奉有余。"越是少越要剥夺，越是多就给他越多，这就是马太效应。马太效应是 1968 年美国科学史研究者罗伯特·莫顿第一次提出的，因为其出自《新约·马太福音》而得名。莫顿指出："与那些名不见经传的研究者比起来，即使他们做出了相同的成就，荣誉也会比较青睐于那些声名显赫的科学家。"

马太效应其实是一种非常普遍的社会心理现象。生活中，马太效应比比皆是，比方说：学习成绩好的学生，往往品学兼优，在其他方面同样表现良好；学习成绩差的学生，往往其他方面的表现也较弱，因为他们很容易自暴自弃，成为问题学生。

这种现象其实也很好理解，因为人们都喜欢锦上添花，对于那些表现好的，大家都会夸赞、奖励，那对方的心态自然是积极自信、热情饱满的，不论是生活还是学习都会朝着大家期盼的那个方向发展；相反，人们对于原本表现比较差的，就会要求很苛刻，在物质和心理上给予打压和否定，那就很容易让他们产生逆反心理和自我否定的心态，最后破罐子破摔，直到捡不起来！

社会交往更是如此，大家似乎都更希望跟有成就的人交往，越是那些成功的人就越容易交到那些对自己有帮助的朋友，然后让他如虎添翼、更上一层楼；而原本无权无势的，却往往要付出更多的努力，但是收效甚微，他如果想结交贵人，就会被认为是在攀高枝儿或别有用心。其实"别有用心"的心态每个人都有，谁不是更愿意交一些有利于自己成功的朋友呢？只不过成功的人结交成功的人被认为是正常交往，企图心没那么明显。

你为自己的怀才不遇感伤了吗？对社会的有色眼镜失望了吗？完全不用，既然你已经知道人们的心理都会产生马太效应，已经懂得"只有成功才能获取更大的成功"的道理，那就不妨让自己变得更加优秀一

些。只要再坚持一下，做出一些成绩，你的好运气就会越来越多，成就
也会越来越大，然后你就可以尽情享受马太效应带来的倍增效应啦！

第五章 幸福心理学：幸福其实是一种心理

　　都说"幸福是一种心态"，这话一点儿不假。我们不幸，是因为我们内心不平、不满、不甘和不忿。我们总是要求的太多，付出的太少，我们总是不能把握自己，不能驾驭情绪，不能满足现状，所以我们不快乐。

　　物质和欲望总是无限的，无论我们如何争取，都不会拥有一切。那就不如让自己淡定一些，自得其乐一些，不要想着别人比自己多什么，而要想着自己拥有什么。给你的心灵好好放个假，多想点快乐的事儿，你会发现你已经足够幸福了，用不着去羡慕嫉妒恨了！

蝴蝶效应——让情绪的翅膀飞

一只蝴蝶在南美洲亚马逊河流域扇动了几下翅膀，两周以后，美国的得克萨斯州就会被一场龙卷风暴所袭击。很多人都在质疑这种说法的可信度，1979 年 12 月，气象学家洛伦兹的一番话解释了这个说法：因为蝴蝶扇动翅膀会引起空气系统的气流变化，虽然这个影响相当微弱，但是一连串反应就会随之而来，最终导致整个天气发生巨大变化。后来，人们根据这个理论总结出"蝴蝶效应"这一术语。一个微小的负面因素不加以引导、调节、疏通，就会对整个局面造成巨大的危害；而一个微小的正面因素，经过一段时间的累积，就会产生巨大的积极效应，从而引起日新月异的变化。

将蝴蝶效应联系到我们的情绪上来，细想一下，果然是那么回事。每个人的情绪都有正面和负面之分，负面情绪如果不及时合理地宣泄，就会像魔鬼一样可怕，最终它会张开血盆大口吞噬你的正面能量。如果将情绪比作南美洲的蝴蝶，那么它也许会引发一场恐怖的龙卷风。所以，学会驾驭情绪是重中之重。

有些人认为情绪与事态的关系并不大，可是谁也不能百分之百保证不受到情绪的影响。比如说，一会儿如同祥林嫂唠唠叨叨地抱怨，一会儿像引爆火药桶一样大发雷霆，人际关系势必会受到影响。当负面情绪将你推进万劫不复的深渊时，即使是神仙也难有回天之力。

Megan 在公司中是个呼风唤雨的人物，可是最近她的运气很糟，先是被客户投诉，后来又被董事长批评了一顿。这是怎么回事呢？

事情的导火索小得不能再小，Megan 接待几位大客户，没想到这几个人竟然是难缠的人物。他们一会儿嫌公司咖啡不好喝，一会儿抱怨会客厅空调不能制冷，他们喋喋不休的话语如同唐僧的紧箍咒，让 Megan 十分难受。最后她终于克制不住，大发雷霆。她指着客户的鼻子说："你是来谈生意的，又不是过来享受的，怎么能够如此挑剔？"

她的这一举动彻底地惹恼了客户，"上帝"发了脾气，一怒之下拂袖而去，更不用说签单合作了。看到煮熟的鸭子竟然飞走了，董事长大为恼火，他认为 Megan 不懂得从大局出发，犯了因小失大的严重错误。

Megan 委屈极了。她想不通，自己到底为什么会陷入如此难堪的局面？还是让我们用蝴蝶效应来为她揭开这一谜团吧。

生活不可能一帆风顺，既然有坦途大道，就可能会有荆棘小路。每个人难免都会遇到不开心的事情，如果我们不懂得合理排解负面情绪，一场可怕的"龙卷风"就会来临。中国有句老话叫作"勿以善小而不为，勿以恶小而为之"，所有的事情都是由点滴小事累积而成，情绪也不例外。

想要做情绪的主人，就要提前预见到情绪失控可能引发的一切后果。情绪对个人来说，既能起到积极作用，也能带来很多不必要的麻烦。想要在职场大有作为，想获得幸福生活，想拥有牢固的人际关系网，就要谨记四字箴言：防微杜渐。

处理情绪的办法很多，当情绪超越了自己所能控制的范围，最好的方法就是释放或者无为而为。英国有句谚语："成人成佛，还是成为奴隶，都是你自己选择的结果。"只有做了情绪的主人，让情绪的翅膀按照我们的计划去扇动，我们才能保持清醒与自主，才能真正拥有成熟的心灵管理方式！

狄德罗效应——高级睡袍绑架了谁？

18 世纪的法国有一位哲学家，名字叫作狄德罗。一天，狄德罗的朋友送给他一件高级睡袍，狄德罗得到后视若珍宝，爱不释手。从此，狄德罗平静的生活被打破了。他忽然发现自己居住的环境是那样粗俗不堪，房间里的一切物品都不能和高级睡袍相称。于是他将"看不顺眼"的东西一件件替换成更高级的物品，可他始终觉得心情不好。终于，狄德罗静下心来细细思考，他发现自己竟然被一件高级睡袍绑架了，以致失去了对自己行为的控制能力。这便是著名的狄德罗效应。

生活中狄德罗效应无处不在，为了满足欲望的黑洞，人们毫无止境地追求。买了件新上衣，就要配条新裤子；买了新裤子，当然要买双新鞋子；好不容易把新鞋子买了回来，突然发现自己的手包与这套衣服并不相称；新手包买回来之后，还要满足新手表、新首饰、新发型等一系列要求。这就是狄德罗效应真实的表现。当然，这里所说的只不过是一个简单的例子，不管职场上还是社会中，每个人都有可能受到狄德罗效应的摆布。难道我们真的要成为狄德罗效应的傀儡吗？

哲学家苏格拉底的处理办法也许能够帮助我们。

一天，苏格拉底的几个学生从集市上回来，他们每个人怀抱着一堆东西，对老师说："您也应该去集市上看看，好吃的、好玩的、好听的、好看的东西应有尽有。如果您去了，肯定会满载而归的。"为了不辜负学生们的好意，苏格拉底同意了，他动身前往热闹的集市。

学生们都在苏格拉底的家中等着他回来，他们想看看老师究竟会买什么新鲜玩意儿。过了半天，苏格拉底回来了，只见他两手空空，什么也没有买。看着大家诧异的目光，苏格拉底笑着说："集市的确很有意思，但是我觉得什么都不需要。"

"不可能啊，老师您应该换一件新衣服。"一个学生说。

"对，您还需要一双新鞋子。"另一个同学随声附和。

听完学生的话语，苏格拉底严肃地说："我们每一个人都向往幸福的生活，为了得到奢侈的生活我们疲于奔波。可是，你真正觉得幸福吗？不，幸福的生活往往很简单，比如说一间屋子，必需品一件不少，多余的物件一个没有，这就是幸福。做人要懂得知足与不知足，知足是指做事，不知足是指做学问。"

苏格拉底不愧是哲学家，说出来的话语每句都是那样精辟。不错，狄德罗效应反映了人们为了满足欲望，总是无止境地追求。身为凡夫俗子的我们同狄德罗一样，认为高级睡袍就是富贵的象征，应该与高级家具相配套，否则就会"心情不好"。正是这种心理左右了整件事情的发展。如果我们做不到苏格拉底那样坦然，就会成为攀比、虚荣手中的木偶，一举一动都将受它们摆布。

1998 年，一个叫朱丽叶的美国人写了《过度消费的美国人》一书，此书一经出版就受到广大读者的好评。在这本书里，读者可以对号入座，找到自己的身影。从新睡袍到新家具，从新领带到新西装，朱丽叶一针见血地指出了狄德罗效应所引发的"消费海啸"。

无穷无尽的新鲜刺激驱使人们不断地满足欲望。我们都是平常人，面对欲望难以克制是再正常不过的事。但我们要知道，妄图满足自己的一切欲望，将会使自己陷入欲望的陷阱，难以自拔。不要在大事小事上过度放纵自己，学会防微杜渐是睿智人士的最佳选择！

海格力斯效应——别跟那个"仇恨袋"较劲

在希腊，流传着这样一个神话故事：

海格力斯是一位力大无穷的英雄。一天，他在路上遇见了一个丑陋的、像鼓起的袋子一样的东西，于是他踩了那东西一脚。然而，出乎海格力斯意料的是，那东西竟然没有被他踩扁，反而膨胀了起来，变大了数倍。这让海格力斯非常愤怒，于是他又抄起一根碗口粗的木棒，试图将那东西砸扁。然而，海格力斯又失败了，那东西膨胀得更大了，甚至把路也堵死了。

正当海格力斯无计可施的时候，一位路过的智者提醒了他。智者说："朋友，它叫仇恨袋，忘记它，离它远去，它就会小如当初，甚至消失；关注它，侵犯它，它就会膨胀起来，与你敌对到底。"

这是一个与心理学家的研究结果一致的神话故事：忘记人与人之间的矛盾、仇恨，我们才能获得幸福；反之，对矛盾与仇恨耿耿于怀，只会让我们坠入痛苦的深渊。而海格力斯那种"以眼还眼，以牙还牙""以其人之道，还治其人之身""你跟我过不去，我就跟你死磕到底"的心态，则被心理学家们称为"海格力斯效应"。这是一种存在于人与人之间或群体之间，冤冤相报，致使仇恨越来越深的社会心理效应。

仇恨在对他人造成伤害之前，往往会先伤害我们自己。心理学家明确指出，人受到恶性刺激时会产生不良情绪，进而陷入无休无止的烦恼之中。肩上扛着"仇恨袋",心中装着"仇恨袋",只会如负重登山般举步维艰,甚至将自己的路堵死,从而错过许多人生的美丽风景。比如三国时的周瑜,一代风流人物,却因为耿耿于怀与诸葛亮之间的矛盾而生生将自己气死了。他本有定国安邦的才华,却在与诸葛亮产生矛盾后,任由仇恨牵制了自己的大部分精力,从而再没有什么显著的成就,而绝世娇妻——小乔,也因此被他视若无睹。如果他能够平静地看待与诸葛亮之间的矛盾,从海格力斯效应的消极影响中跳出来,他不是会更有所作为,他的人生不是会更加美好吗?

解怨、解结是人生的大智慧,这样我们才能避开仇恨这种消极心理所带来的成倍增加的负面影响。解怨、解结不单解放了他人,同时也为自己减轻了心理负担。

法国大文豪卢梭在 11 岁的时候,深深地爱上了比他大 11 岁的德·菲尔松小姐。他被她那种成熟女孩特有的清纯和靓丽所吸引,而德·菲尔松小姐好像对卢梭也有好感。于是两人开始了轰轰烈烈的恋情。

不过没多久,卢梭就发现德·菲尔松小姐对他好,只是为了让一个她偷偷爱着的男友吃醋,顿时他的内心便被一种无法形容的气愤与怨恨充斥着。于是,他发誓永不再见这个负心的女孩。

20 年以后,名声显赫的卢梭回到故里看望父亲,与昔日的德·菲尔松小姐在波光激滟的公园湖中偶遇。她在远处一条船上,衣着俭朴,面容憔悴,完全没有了往日的风采。倘若卢梭是一个斤斤计较的人,必定会上前和她重提旧事,深深地打击她,让她后悔和无地自容。只要卢梭过去打个招呼,对于把面子看得极为重要的德·菲尔松小姐也是一种很有效的示威。

不过卢梭还是悄悄地把船划开了。之后,他是这样描写这件事的:"虽然这是一个相当好的复仇机会,但我还是觉得不该和一个女人算 20

年前的旧账。"

"你对菲尔松小姐真的没有一点怨恨了吗？当初，她可是让你颜面无存。"朋友不解地问他。

"怨恨，即使存在过，那也是 20 年前的旧事了。想想如果我到现在还在怨恨，那么我岂不是在怨恨中生活了 20 年？这样把怨恨牢牢记在心中，对我又有什么用呢？这好比我提着一袋死老鼠去找你，而那臭味熏到的首先是我，我又何必一路上闻着臭味呢？怨恨就是一袋死老鼠，倒不如将它丢得远远的吧。"

说着，卢梭从口袋里取出一些钱递给了朋友："把这些钱给她，希望能对她的生活有所帮助。"

卢梭对一个曾经给自己带来奇耻大辱的女人不仅没有怨恨，反而选择了忘记仇恨，宽容以待，于是他获得了快乐与幸福。

生活中，我们应该避免像海格力斯一样与"仇恨袋"较劲儿，应该向卢梭学习，忘记怨恨、矛盾。这样，我们的心灵会因此轻松许多，我们的人生也会幸福许多、快乐许多。

顺序效应——顺序不同，感受不同

想必大家都知道"朝三暮四"的典故，猴子们因"朝四暮三"而勃然大怒，却在"朝三暮四"的时候沾沾自喜。同样是喂食 7 颗橡子，如果早上 4 颗，晚上 3 颗，猴子会因为晚上少了一颗而发怒；而如果反过来，早上 3 颗，晚上 4 颗，猴子则会因为晚上多了一颗而高兴。

相同的数量，不同的顺序，虽然看上去没多大差别，但是如果弄反了，后果可是难以想象的。这在心理学中被称为"顺序效应"，不仅有典故，更有科学的实验为证。

心理学家迪克等人一起做过一个著名实验：实验对象为 70 个在校大学生，平均年龄为 21 岁，其中男性占 54%，女性占 46%。按照不同的顺序，实验被设计成两组，一组为顺序，一组为逆序，每组 35 人。实验过程为让这些大学生模拟商场的抽奖活动，通过依次告诉参加者他（她）所得到的奖金金额、另一个人所得到的奖金金额以及下一个人所得奖金金额，测试他们的后悔程度。抽奖奖金分别为 50 元、100 元、150 元，抽奖顺序一类是 50 元——100 元——150 元，另一类为 50 元——150 元——100 元。实验结果表明，在顺序情况下人们的后悔程度要高于逆序情况下的后悔程度。

那么什么是顺序效应呢？心理学家霍加斯和埃因霍恩认为，由于顺序的不同，导致人们感受产生差异，这就是顺序效应。在前面的实验中，由于奖金排列的顺序不同，大学生们的后悔程度也不同，这正是顺序效应造成的。

顺序效应具有 3 个特征，分别如下：

第一，通常情况下，人们在回忆过去的经历之时只会想起一些零散的片段，而不是完整的细节过程。影响人们回忆的因素包括苦乐顺序的发展倾向、最高点、最低点、结尾。

第二，一般情况下，人们更喜欢连续多次的进步感受。例如，买彩票的时候连续中两次 5 元，要比一次中 10 元更让人们高兴。换言之，进步越大，人们的喜悦程度会越高。与虎头蛇尾相比，人们更享受鸡头豹尾带来的乐趣，就算虎头蛇尾带来的实际效益要比鸡头豹尾高得多。

第三，两个刺激出现的客观顺序实际上并不会影响它们的本质，但是人们基于一种习惯，会对先出现的刺激或后出现的刺激的评价夸大或扭曲，这就是顺序效应。比如面试官在对多名面试者按顺序进行评定的时候，经常会受到面试先后顺序的影响，从而不能完全客观地看待每位面试者。通常情况下，假如一个面试官连续面试了 3 个条件很差的面试者，即使第四名面试者表现很一般，给面试官的印象也会大大加分；同样地，假如一位面试官连续面试了 3 个非常优秀的面试者，如果第四个面试者表现一般，那么面试官会觉得他的表现非常差，且评定结果比该面试者的实际情况要差得多。

在现实生活中，我们经常会遇到顺序效应。比如一个女孩要依次和 5 名男孩相亲，她对这些男孩的印象也会受到顺序效应的影响。这和面试官对面试者的评定会受顺序效应的影响相似。

好消息和坏消息的公布技巧实际上也是利用了顺序效应。这是因为好消息和坏消息出现的顺序会影响人们的感受。通常情况下，先听到好消息再听到坏消息，即使这个好消息跟那个坏消息毫无关系，人们也会因为坏消息的影响产生一种好消息也泡汤了的感觉。而先听到坏消息再听到好消息，人们则会产生一种失而复得的心理感受，从而冲淡了坏消息带来的不愉快。

总而言之，对于个人来说，合理安排事物的先后顺序，不仅能够获得更好的机遇，也能够得到更多的快乐。

杜利奥定律——用热情为生活开一扇窗

　　心理学家告诉我们：以为自己处于某种状态并做出相应的行为，这种状态就会越发明显。有些小孩本来并不难过，但一哭起来，会越哭越伤心，就是这个道理。当你认为自己很可怜，让痛苦爬满眉际，你的生活就会真的很痛苦；相反，如果你对生活充满热情，那么你的生活也会越过越红火。

　　在心理学上，内心充满热情是一种积极的、难能可贵的心理品质。内心的热情是个人拥有积极情绪的保证，往往能够让我们充满信心、朝气十足、劲头十足地做事。这样一来，我们便更容易成功，我们的人生也会因此而更加美好。美国心理学家、作家杜利奥说："失去了热情，人生的一切都将处于不佳状态，再也没有什么比失去热情更让人迅速苍老的了。"人们将这种热情对人产生的作用称为"杜利奥定律"。

　　在人生旅途中，遭遇苦难是在所难免的，但是如果我们因此而丧失了对生活的热情，那么我们就将陆续失去一切美好的东西；相反，如果我们能够充满热情地面对生活，即使它让我们饱受苦难的折磨，我们也能够于苦难中为生活打开一扇窗，从而找到幸福和快乐。

　　青藏高原拥有美丽的山水、变幻莫测的天气、古老而神秘的风土人情，可是熟知青藏高原的人都知道，那片土地是天堂和地狱并存的世界。

　　赵佳是随军进藏的家属，为了追随爱情，她毅然辞去了一份高级白领的工作，独身一人来到这片广袤的土地。与第一次进藏不同的是，除了新奇与震撼外，这位年轻姑娘还感受到了酸和苦的滋味。面对恶劣的环境和艰苦的条件，想到要长期居住在此，赵佳心中五味杂陈。

爱人所驻的部队交通条件不好，很多道路根本没有开通，遇到雨季塌方或者大雪封山的时候，仅有的羊肠小道也会因为天气恶劣而被封，这使赵佳居住的地方成了一座"孤岛"。远离都市的赵佳面对孤独和寂寞时，会高唱时而低沉、时而高昂的藏歌，用纯净的歌声洗涤自己的心灵，为生活增添色彩。

高原上缺水缺电是常有的事情。由于高原缺氧，赵佳每去提一次水都会气喘吁吁。当很多人都认为从小生活在大都市的赵佳吃不了那么多苦，不久就会知难而退时，她用实际行动证明自己在青藏高原上的生活能力。赵佳在给父母写的信中说道："我从来不把打水的艰难看作一种痛苦，我反而认为它是一件快乐的事情。当我用亲手打来的水浇灌仅有的几盆植物时，我的内心充满了幸福的感觉。停电了，我就用黑色的眼睛去感受黑夜；当丈夫没有执行任务时，我们会相拥去感受对方的心跳。我经常认为自己是世界上最幸福的女人。"

就这样，赵佳在艰苦的环境中始终保持着热情。她始终热情地生活着，她热情地将生活中的不快乐因素过滤掉，留下快乐的笑声，用广阔的胸襟去面对每一天。因此，她找到了快乐，体味到了幸福。

其实生活就是这样，如果你始终热情高涨，那么即使你身处荒凉的沙漠，也会找到与黄沙共舞的快乐；相反，倘若你缺乏对生活的热情，那么即使身在绿洲，你也无法感到快乐。因此，从此刻开始，请热情地生活吧，热情将带你找到幸福和快乐。

酸葡萄效应——阿 Q 从不羡慕嫉妒恨

中国人爱说："吃不着葡萄说葡萄酸！"这是挖苦吃不着葡萄的人，看着眼馋还不承认，得不到的东西就说不好。其实这种心态没什么不好的，既然已经得不到了，拍拍屁股，甩甩头，不带走一片不肯跟自己走的云彩，那才潇洒呢！既然是吃不到的葡萄，说它是酸的又何妨，也好断了自己吃不到又想吃到的念想。这种酸葡萄心理，从某个角度来看，是一种好心态的表现，起码不会因为得不到而去羡慕嫉妒恨。没有了这些负面情绪，人当然也就容易幸福了！

酸葡萄心理的理论来自一只高情商的狐狸，《伊索寓言》中对这只狐狸是这样描写的：从前有一只狐狸，走了很远的路，非常饥饿，于是它到处去寻找可以吃的东西。终于，在经过寻觅之后，它看见了一片果林，果林里种满了晶莹剔透的葡萄。这些葡萄是那么娇艳可爱，看得狐狸垂涎欲滴。狐狸心想："这次终于可以饱餐一顿了！"

可是显然狐狸高兴得太早了，因为葡萄的架子实在太高，它跳来跳去好多次，却连个葡萄叶都没有够到。这让狐狸非常懊恼，因为它已经筋疲力尽了。眼看到嘴的葡萄却只能放弃，这任谁都会心有不甘。然而，这只狐狸却非常会安慰自己，它一边悻悻地离开果林，一边在嘴里嘟囔着："那些葡萄酸死了，还是不吃为妙！"

这个故事很容易让我们想起中国的一个著名人物，那就是鲁迅先生笔下的阿 Q。还记得阿 Q 被打之后是怎么说的吗？他说："儿子打老子，不必计较。"随后便觉得自己得了便宜，于是又心平气和了。大家也许会觉得阿Q很傻，可他却是最容易快乐的那一种人，因为他有属于自己的阿Q精神。

不管是酸葡萄心理还是阿Q精神，都是一种自我安慰的心态，心理学中将这种心态称为"酸葡萄效应"。它是人的一种心理上的自我防卫机制，是非常合理的自我安慰。它能够帮助我们在受到不公正的待遇或遇到不可预知的变故时保持一颗平常心，让原本激动难平的心情得以平复，重归一种平衡状态。心理平衡了，心态才会好。

其实很多伟大的人也是非常阿Q的，比如美国著名的前总统罗斯福。有一次罗斯福家中被盗了，丢失了很多贵重的东西，这在普通人看来一定是件大事，很难接受。于是罗斯福的朋友写了封信来安慰他。可是这位前总统却表现得云淡风轻，给朋友回信说："谢谢你的关心，我现在很平安，请放心！感谢上帝，因为贼偷去的是我的东西，没有夺走我的生命；他只偷走了我的部分东西，而不是全部；最让我感到安慰的是做贼的是他，而不是我。"

其实，在罗斯福的这番话中，就含有酸葡萄心理。他认为，许多看似不好的事情，换一个角度去看，往往就不那么让人沮丧了。的确如此，事情既然发生，并且无法挽回，我们只能"节哀顺变"，甚至让自己往好的方面去想。不就是丢了东西吗？我还好好活着啊，活着就能挣到更多。不就是丢了升职机会吗？那又有什么，位高权重固然令人羡慕，但是担的责任重啊，生活会更累啊！

在我们尝不到生活中的那些"酸葡萄"的时候，何不自我安慰一下，给自己一个"甜柠檬"，做一些我们能做得很好的事情，证明我们是幸运的、有用的、不可替代的呢？生活可以是一个包袱，也可以是一件好玩儿的事，就看你怎么看待了！

马蝇效应——别让自己过得太"自在"

心理学上有个非常有趣的马蝇效应，它来源于美国前总统林肯的一段有趣的经历。那时林肯还很年少，还在老家肯塔基。他时常和兄弟搭档起来犁玉米地，他吆马，他的兄弟扶犁。一次，林肯发现，犁地的马懒极了，不仅慢慢腾腾，还走走停停。不过，它这种懒惰的状态也不是一直持续的，有的时候，这匹懒惰的马会突然走得飞快。

林肯感到奇怪。他的兄弟告诉他，每当有大马蝇叮在马身上时，马为了甩掉大马蝇，就会飞快地跑起来；而没有大马蝇叮咬它，它就变得十分懒惰、不肯上进了。

其实，人也是同样的，如果缺乏了"大马蝇"做对手，就很容易懈怠下来；相反，如果有对手，则会有危机感，从而迫使自己激发潜能，不断前进，进而取得卓越的成就。心理学家们将这种现象称为"马蝇效应"。

在追求成功的道路上，对手是非常重要的。有"金融暴君"之称的唐纳德·托马斯·里甘就深知这个道理。他将竞争对手的存在看得和爱人同等重要，因为这两者都能够排解人生的寂寞，促进人生成功。

里甘认为，爱人带给人希望，对手带给人威胁，但两者都是事业成功的催化剂。一方面，对手带来的压力能够催促人不断进步。另一方面，与对手的良性竞争可以促成彼此的合作，以便取得更大的成功。在白宫期间，里甘与对手斯托克曼便在良性竞争中成就了彼此，而里根总统更是不无骄傲地称他们为他的左膀右臂。

在追求成功的道路上，谁深谙这一智慧，谁就会走得更远；谁忽略它，与它背道而驰，谁就会遭遇失败，即使他原本是一个成功的人。

尼古拉斯在一家大型金融公司工作，一直以来他工作都非常努力，希望能够早日获得上司的青睐，得到晋升的机会。

终于，尼古拉斯等来了晋升的机会——销售总监马上就要被派往海外子公司，而新的销售总监将由下个季度销售业绩最好的销售经理担任。为了抓住这个机会，尼古拉斯可谓使出了十八般武艺。就在这时，另一位销售经理为了让自己的业绩能够超过尼古拉斯，竟然通过人事部的关系，从尼古拉斯的团队里调走了两个业绩非常出色的业务员。尼古拉斯心怀愤恨，但为了挽回局面，他更加投入地去做业务，甚至亲自带着自己的下属去大型商场、热闹的街头做各种促销活动。在付出了千般辛苦之后，他终于升任为销售总监，也成了那位销售经理的顶头上司。

尼古拉斯夙愿得偿，非常高兴，但每当想起那个挖自己墙脚的销售经理就愤恨难当。于是，他开始在工作中刁难这个销售经理，成功地迫使他另谋高就。但对手没有了，他忽然发现自己再也找不回升为销售总监之前，想在那位销售经理面前好好展示自己能力的工作状态了。而他的工作业绩也大不如前，总经理对此颇有微词。

显然，尼古拉斯不具有马蝇效应的心理智慧。试想，如果他能够意识到那位销售经理对自己的重要性，进而融洽地与之共事，通过他来不断地激发自己的工作潜能，他还会业绩下滑吗？恐怕他的业绩会节节高升吧！

在成功的道路上，我们需要给自己找个对手，让对手给我们带来的心理危机感时刻提醒我们奋进，使我们时刻保持积极性，从而激发我们的潜能。这样，我们才能不断地有所成就，收获更大的成功。

霍桑效应——有了不满就得说

在心理学领域有一个非常著名的霍桑效应，也被称为"宣泄效应"或"实验者效应"。然而，"霍桑"不是某一位心理学家的名字，而是20世纪20年代美国芝加哥郊外的一家工厂的名字。这家工厂从事电话交换机生产，设备先进，工作环境优越，员工福利优厚。但遗憾的是，它的生产效率一直很低。

这种奇怪的现象引起了各界的广泛关注，1924年11月，美国国家研究委员会派来了一个囊括了各个领域（包括心理学领域）的专家的研究小组进行实验研究。在研究过程中，专家们设计了很多实验。

首先，为了明确如照明强度这样的工作环境因素对工人生产效率的影响，专家们设计了"车间照明实验——'照明实验'"，然而专家们发现二者之间并没有什么太直接的关系。

鉴于第一阶段实验的失败，为了能有所突破，美国著名心理学家梅奥加入进来，主导接下来的实验"继电器装配实验——'福利实验'"。该实验的目的是了解影响工人生产积极性的因素。在专家们的预想中，福利被改善，势必能够激发工人的生产积极性，进而提高其生产效率。他们提出了4种假设：其一，物质条件和工作方法的改善或许能增加产量；其二，工间休息和缩短工作日应该能解除或减轻工人的疲劳，从而保证其效率；其三，工间休息或许可以减少工人因工作单调产生的烦闷感，从而提高其生产效率；其四，个人计件工资或许能调动工人的生产积极性，从而提高工作效率。然而，这4种假设都与实验的结果不符。

接着，专家们进行了"大规模的访谈计划——'访谈实验'"。从1928年9月到1930年5月将近两年的时间里，专家们找工人们谈话2万余人次，耐心地听取工人们的各种意见、抱怨、牢骚，让工人们尽情地宣泄内心情绪。结果，工人们的生产效率大幅度提高了。

由此，专家们得出了结论：宣泄心中的不满，获得外界关注，有利于提高个体的活动效率，这就是霍桑效应。

生活中，无论是谁都会有不如意的事，每当这时，我们内心难免会滋生不满、自暴自弃等消极情绪。这时，如果我们选择压抑，那无异于选择了降低自我的活动效率，势必会导致工作效率低下，而这对于我们的发展、成功来说是非常不利的。相反，如果我们能够及时地宣泄心中的消极情绪，就能够保证自我的活动效率，从而更有可能获得成功。

日本著名企业家松下幸之助就深谙霍桑效应的智慧。他在自己名下的所有子工厂中都专门设立了让员工发泄情绪的吸烟室。在吸烟室里，摆放着松下幸之助的人体模型。当员工心有抱怨、不满等消极情绪需要宣泄时，就可以来到这里用各种方式宣泄，甚至可以用竹竿随意抽打"他"——松下幸之助的人体模型。等员工宣泄完了，还会有松下幸之助所说的一段话从扩音器中传来，以让员工明白自己是被关注、被在乎的。这段话是这样的："我们或许有分歧，但请记住，工厂需要你们，需要你们和我一起去实现我们共同的目标——让自己的生活更美满，让公司更强大，让国家更繁荣富强。"

松下幸之助为员工创造了良好的宣泄环境，这是松下企业一直以来能够保持高效率的重要原因。请记住，当你心有不满，请说出来！一味地隐忍和避让只会让你的怨气越积越多，让你无心工作和生活。把最基本的快乐都丢了，哪儿还有什么幸福可言呢？

情绪效应——活得好不好，心情最重要

有心理学家曾做过这样一个实验：

首先心理学家随机选择两组受试者：对第一组受试者，心理学家故意放 10 美分在路边摊的桌子上，让来就餐的人（即第一组受试者）捡到这"意外之财"，以激活他们的情绪，让他们拥有一份好心情；对第二组受试者，心理学家故意让他们等很久，才为他们端上食物，以让他们情绪低落，心情不好。

接着，心理学家故意从他们身边走过，掉落东西，并且让他们看到；然后就他们帮助自己捡起东西这一行为的出现概率进行统计。

结果证明，第一组拥有好心情的受试者中有 88% 以上会帮忙捡起东西；而第二组心情不好的受试者当中只有 7% 的人会帮助他捡起落下的东西。

心理学家指出，7% 与 88% 的差别是由情绪效应造成的。所谓"情绪效应"是指，一个人的情绪状态可以影响到他对某一个人的评价，进而决定了他对待这个人的态度、方式。

相信我们每个人都有过这样的感受：当我们心情好的时候，看什么都顺眼，对他人也更容易展示出友好的态度；相反，心情郁闷的时候，我们往往看什么都不顺眼，很容易对他人发脾气，采取不友好的态度。这是情绪效应的典型表现。虽然这非常常见，但值得我们思考。

首先，他人心情好的时候，是我们与之交往的好时机。在人际交往中，你如果总是在他人情绪不好的时候出现，那么他人就容易对你报以不友好的态度，这样一来，势必会增加你们之间产生矛盾的可能；相反，如果你能够在他人心情好的时候与之交往，那么你会更容易得到对方的认可，更容易让他人对你报以友善的态度，这样一来你们之间的交往就会更加和谐。

其次，要注意克制自己的坏情绪。情绪效应告诉我们，当人情绪不好时，就容易对外界施以负面的态度和行为，比如，情绪不佳，则容易对他人不理不睬，甚至迁怒于他人。而这样一来，势必会激发彼此间的矛盾，不利于彼此融洽地相处、和谐地交往。因此，当我们情绪不佳时，要注意克制自己的情绪，越是心情不好的时候，越要有意识地提醒自己要亲切、友爱、态度好。

再则，要善于用自己的好情绪去感染对方。人际交往中，如果我们与对方都能有一份好心情，那么交往的氛围会非常好，彼此间会很容易地建立起良好的关系。比如，用真诚的微笑去感染对方就是非常不错的方法。

总的来说，一个人的情绪会影响其对待外界的态度和方式。一个人心情好，则对什么事情都充满热情，做事情的时候积极上进，对待他人时充满友爱和善意，人际交往自然就会事事顺利；相反，一个人心情不好，则容易整天愁眉苦脸，不停抱怨，消极地对待他人，甚至迁怒于他人，试想谁愿意和这样的人交往呢？而这样的人又如何能够很好地和他人交往，进而拥有好人缘呢？因此，带着好心情去与人交往吧，你的人际关系会更加和谐、美满。

青蛙效应——太安乐就容易死

19 世纪末，美国康奈尔大学做过一个青蛙实验：

实验者将一只青蛙扔进一只装满煮沸开水的大锅里，结果这个青蛙立刻烫得跳了出去。后来，人们又将这只青蛙放进一只装满凉水的大锅里，让它自由自在地在里面游动；接着用小火慢慢给锅加热，虽然青蛙也能够感觉到水温在慢慢升高，但是它由于懒惰，并没有跳出大锅；后来水越来越热，青蛙终于忍受不了，想往外跳，然而此时它已经失去了逃生的能力，最后被煮熟了。

心理学家们分析，这只青蛙第一次能够顺利跳出大锅，是由于它突然受到沸水的剧烈刺激，激发了全部的力量，所以跳了出去；第二次因为没有感觉到明显的剧烈刺激，所以它就失去了危机感，当它感觉到危险的时候，已经太晚了。这就是著名的青蛙效应。

青蛙效应的深层含义就是"生于忧患，死于安乐"。惰性是人的天性，这种惰性使得人们喜欢安于现状，不到万不得已的时候绝对不会主动去改变自己的生活。如果一个人长期处在安逸的生活状态中，他就很容易忽略身边环境的变化，丧失危机意识。等到危险降临的时候，他就只能和那只青蛙一样等死。

在现实生活中，居安思危是每个人都应有的意识。很多人都有过这样的经历：当前行的道路上布满荆棘的时候，人们往往能最大限度地发挥自己的潜能，最终战胜艰难险阻，取得胜利；可是当生活长期处于安逸、平静的状态时，我们却经常遭遇各种不如意。比如，在职场中，有些自以为是的人经常利用自己的小聪明，不认真工作，搭别人的便车，过得轻松安逸，并以为领导和同事们都不知道。但是"若想人不知，除非己莫为"，在他为自己的小聪明偷笑的时候，殊不知公司已经拟好了辞退他的邮件，他自己就充当了那只愚蠢的青蛙。

同样地，企业也应该警惕青蛙效应。世界首富比尔·盖茨时刻提醒自己的员工："微软离破产只有 18 个月的时间。"正是这种危机意识让微软的员工们不敢懈怠自己的工作，使微软成为全球数一数二的 PC 软件供应商。

再举个例子，可口可乐公司可以说是全球饮料行业的龙头老大，它之所以能始终保持自己卓绝的业绩，跟它居安思危的企业文化是分不开的。罗伯特·戈伊祖塔在接任可口可乐公司首席执行官的职位时，问了公司的高管们这样几个问题："全球 44 亿人口每人每天平均喝掉多少饮料？"（64 盎司）"每人每天喝掉的可口可乐是多少？"（不到 2 盎司）"可口可乐占有的市场份额是多少呢？"罗伯特的这几个问题正是提醒自己的下属们要看到自己的不足，要时刻拥有危机意识，因为现在的成功并不能代表永远的成功。

青蛙效应启示企业应该时刻加强危机管理。如果一个企业在员工管理上过于宽松，对那些犯了错误的员工不能给予有效的惩戒，那么这个企业的员工就会由于没有危机感，产生懈怠心理，最终降低整个企业的效率。此外，企业本身在和同行业的其他企业进行竞争的时候，也要时刻保有危机意识，不能因为现在的成绩而沾沾自喜，做愚蠢的青蛙。

总之，无论是个人还是企业，都要以青蛙效应为戒，时刻警惕青蛙效应在自己身上上演。只有时刻拥有危机意识，才能始终保持自身的活力，始终处于不败之地。

鳄鱼法则——当断不断，反受其乱

如果有一天，你的一只脚被鳄鱼咬住了，那么你该怎么做呢？请记住，这时最正确的做法是放弃你那只被鳄鱼咬住的脚，果决地将其斩断。否则，如果你用手去拯救你的脚，你的手也会被鳄鱼咬住，你越是挣扎，鳄鱼就会越紧地咬住你的身体，甚至将你整个吃掉。

其实，生活中，我们时常面临类似于被鳄鱼咬住的情况。这时，如果我们被心理上的犹豫、不舍失去等非理性的心理所操控，那么我们往往会为此付出、失去更多；相反，如果我们能够理性而果决地放弃，那么我们不仅能将损失控制在有限的范围内，而且能够为自己赢得重新开始的机会。

就像美国著名心理学家威廉·詹姆斯说的那样："承认既定事实，接受已经发生的事实，放弃应该放弃的，这是在困境中自救的先决条件。"当断则断，才能免受其乱。谁纠缠于已成事实的损失，谁就会陷入混乱或更深的泥潭中。

2006 年，哈佛发生了一件史无前例的事情，时任校长的萨默斯不被认可，面临教职员工不信任投票的压力，"被迫辞职"是极有可能的结果。如果那样的话，萨默斯将成为哈佛建校以来第一位被迫辞职且任期最短的校长。而他曾经是总统的经济顾问、美国的财政部长、哈佛有史以来最年轻的终身教授。现在他却要"被迫辞职"了，这多么让人难以接受啊！因此，萨默斯根本无法面对这个不可改变的事实。他想，自己是优秀的，自己一定能够找到办法扭转劣势。然而他并没有找到什么有效的方法，反而让自己陷入了无穷无尽的烦恼、担忧、痛苦之中，他的精神状况因此事一度出现问题。他的这种状况，让他的好友忧心不已。为此，他的好友向心理学家泰勒·本·沙哈尔求助。

沙哈尔对此给出了几点建议。第一，接受它，别再毫无意义地企图改变不可改变的事情；第二，正视自己所失去的，人类有非凡的克服逆境的能力，只要能够意识到，即使失去了，事情也不会糟糕到让人绝望，被世界顶级的大学逐下校长之位并不等于一无所有；第三，回想曾经成功和失败的经历，总结经验，寻找新的机会，准备重新开始。

从沙哈尔的建议中，我们可以看出，接受现实，果断地斩断自己对不可改变的事实的纠缠，是我们面对损失、失败，超脱失去的痛苦，以及重新开始的前提条件。

我们应该明白，失去、失败在人生的道路上不可避免。如果我们想让自己在轻松愉快的心境中追求成功与幸福，那么就应该学会勇敢地放弃。即使对所失去的万般不舍，也请随手把身后的大门关上，和过去做一个了断，这样做才能够让自己轻装上阵。否则，我们只会让自己的心理包袱越来越重。当其超过了我们的承受能力的时候，我们会被其压垮，而我们的人生也会因此毁于一旦。

因此，当你没有勇气也舍不得斩断被鳄鱼咬住的脚时，当你无法接受既定的失去和失败，徒劳地企图改变时，想一想这样纠缠的后果吧。如果不想被鳄鱼整个吃掉，不想就此沉溺于人生的泥潭，还想要重新开始，还希望迎来人生的另一番风景，那么就请提醒、敦促自己勇敢地接受、果断地放弃吧！

齐加尼克效应——给你的情绪松松绑

法国著名心理学家齐加尼克做过这样一个名为"困惑情景"的实验：他随机找到一批志愿者，并把这些人平分为两组，随后要求这些人在同样的时间里去完成20项任务。在实验期间，齐加尼克干预其中一组被试者的工作，并且让他们因为被干预而没能完成任务；而另一组，齐加尼克则放任他们自由地工作，且保证他们完全顺利地完成任务。实验结果显示，虽然这些被试者在开始接受工作任务的时候都非常紧张，但是顺利完成工作任务的一组被试者在完成工作任务后就不再紧张了；而那些没能完成工作任务的被试者则始终非常紧张，在实验过后他们仍然在惦记那些没有做完的工作。

这一实验结论后来被心理学家称为"齐氏效应"，也可以叫作"齐加尼克效应"。那么，什么是齐加尼克效应呢？心理学上所谓的"齐加尼克效应"是指人们由于工作压力而引起的心理上的紧张。这一效应告诉我们：当一个人在接受某项工作或任务的时候，这个人就会不自觉地产生一定的紧张情绪，而且这种紧张的情绪往往只能在该项工作或任务完成之后完全消失。如果这个工作或任务未能完成，那么这种紧张情绪就不会消失。

在现实生活中，随着科技的进步和社会的发展，人们的生活压力越来越大，随之而来的就是心理负荷越来越重。比如学生们在学习时会带着考试升学的紧张情绪，职场中的白领们在工作中会带着是否能升职加薪的紧张情绪……齐加尼克效应可以说无处不在，谁也不能幸免。

实际上，适度的心理紧张状态有利于人们集中精力，高效率地完成工作或学习任务。但是，如果长期处在紧张的心理状态下，就不是一件好事儿了。这是因为人在长期紧张的心理状态下，身心都会受到巨大的影响，心跳急促，呼吸加快，思维运行变慢甚至停滞。在这种心理状态下，做任何事情都是低效率的，而且还很可能会引起身体方面的疾病。

心理学认为，放松的心理状态对于人的身心健康都是有好处的。当你躺在一张非常舒服的床上，耳边放着自己最喜欢的音乐，什么也不想，什么也不做，这时候的你就处在放松状态。人处在放松状态的时候，也是其心理潜能可以得到最大程度开发和释放的时候。因此，如何放松心理状态，消除紧张情绪，对我们的生活是非常重要的。心理学家们提出了很多帮助我们消解紧张情绪的方法，我们可以把这些方法简单归纳为以下几点：

放下压力的包袱，平衡自己的心态。很多情况下，当你的竞争对手与你的实力不相上下的时候，谁的心理素质好，谁就更有可能打败对方，取得最后的胜利。压力会让人觉得不知所措，甚至在紧要关头影响人们正常水平的发挥。只有将心态放平，才能够在关键时刻超常发挥。举一个例子，2008 年北京奥运会的时候，射击选手杜丽在顶着上届奥运会冠军以及为国家争夺第一块金牌的压力下，高度紧张，以至于在开始时发挥失常；在后面的比赛中，她放下压力，积极调整自己的心理状态，从而后来居上，夺得金牌。

要学会接受自我的紧张情绪。当你感觉紧张的时候，不要排斥这种情绪，而是要试着接受它，面对它。你可以在心里暗示自己"我确实紧张了，不过我不能因为害怕而坐以待毙"。甚至你可以想象最坏的结果，正视并接受这种最坏的可能性，"最坏的结果我都能接受，还怕什么？"这样一来，你的紧张情绪就会慢慢得到缓解了。

做好万全的准备。自信来源于充足的准备，如果你在做任何事情之前都做好万全的准备，那么你的信心自然就会提上来，而紧张情绪也自然会慢慢消解。

懂得巧妙地自嘲。学会自嘲也可以让自己迅速摆脱紧张的心理状态。在一次重要的商业谈判中，惠普公司的前CEO奥菲利亚的衣服扣子突然掉了，内衣露了出来。起初她觉得很紧张、很尴尬，但是她很快调整好了自己的心理状态，幽默地说："时代的快速发展要求我们奔跑前进，在我们准备脱掉衣服跑起来的时候，却发现自己忘记了穿运动裤。就这样吧，我们快点结束这个谈判，以便我早点回家换衣服。"

影响心理情绪的因素有很多，因此，我们在选择预防紧张情绪的时候，也要具体情况具体分析。对症下药，巧妙地给自己的情绪松松绑，让自己更加自如地面对人生。

辛普森效应——围观犀利哥的忧伤

为何犀利哥会如此迅速地走红网络？心理学家们认为，犀利哥的走红在很大程度上是辛普森效应的客观存在的证明。

提到辛普森效应，就不得不谈一谈辛普森的故事：辛普森是美国的一名橄榄球选手。他意外得知前妻有了新的男朋友。此后不久，前妻遇害了，辛普森成了最大的嫌疑人，他被逮捕，随后却因法庭没有确凿的指控证据而被无罪释放。这件案子成了悬案，引发了人们的广泛讨论。

心理学家们将这种悬念激发人类猎奇心理的现象，称为"辛普森效应"。心理学家们进一步解释说，面对那些悬而未决的事情，人们总是尽可能地去找出它的真相。如果没有特别站得住脚的证据，人们就会认为它是假的，从而试图找出真正的事实。这样一来，便形成了人们对之过度关注的现象。

犀利哥，忧郁的眼神，稀疏的胡楂，神乎其神的服饰搭配……这些犀利哥身上的特质对于人们来说都是一种悬念：他是谁？他来自哪里？是什么样的经历让他成为现在这个"乞丐王子"？犀利哥身上的谜太多了，尤其是他的忧伤更是激起了人们的猎奇心理。这样一来，故意或者无意地，人们就开始努力地发掘犀利哥的过往，希望可以揭开犀利哥的身世之谜，找到他那忧郁眼神背后的真相。

生活中，当我们遭遇某件事，我们忧虑、难过，周围的人在或关心、或漠然的同时，都对我们到底遭遇了怎样的事充满好奇。他们热烈地议论，却忽略了这样的探讨对我们所造成的伤害。人类这种固有的猎奇心理，这种对真相的追根究底，在很大程度上对我们的心灵造成了伤害，给我们的生活造成了困扰。

然而，面对这种情况，我们需要理性地认识到，他人的这种行为是固有心理使然，是辛普森效应的体现。要想避免这种伤害和困扰，与其斥责、怨恨甚至报复他人，不如找到人们做出这种行为的根源，从根本上解决问题。比如，下面这位戴安娜就深谙辛普森效应的智慧。

戴安娜原本生活在佛罗里达州的一个小镇上，后来她与一位纽约的会计师相爱并结合。她在人们羡慕的目光中离开了小镇，与丈夫一起去纽约生活。

几年后，让小镇上的所有人惊讶的是，戴安娜独自一人，神情落寞地回到了小镇。一时之间，小镇上的人都对戴安娜的故事议论纷纷。有人在讨论曾经戴安娜与她的丈夫多么般配、甜蜜；有人在说戴安娜的丈夫爱上了别人，将戴安娜抛弃了；有人则否定情变的可能，因为戴安娜的手上还戴着结婚戒指……总之，一时之间，关于戴安娜与她的丈夫的种种流言蜚语遍及小镇的每个角落。

然而，这让戴安娜更加痛苦了。每次听到他人的议论，她就会想起那个已经从她生活中消失的她最爱的丈夫，跟着，她的心便开始一阵一阵地痛。

为了改善这种境况，她打电话向一位做心理咨询师的朋友寻求解决办法，并且决定听从其建议：她回了一趟纽约。几天后她又回来了，不过这次，她带着丈夫的骨灰。她为丈夫举行了葬礼，邀请小镇上她认识的人都来参加。原来，在一次车祸中，丈夫为了救她而死去了。这让戴安娜愧疚而又悲痛，所以她才想回小镇来散散心，谁知小镇上人们的探究却让她更加痛苦。而这一次，她决定勇敢面对，她说："我爱我的丈夫，我会在这个我们相识的小镇永远陪着他。"

葬礼后，几乎是立竿见影，人们立刻停止了种种让戴安娜困扰的讨论。戴安娜终于得以在宁静的时光中平复自己的伤痛，怀念那曾经拥有过的美好爱情带给自己的幸福。

由此可见，很多时候人们之所以对一件事情纠缠不放，完全是因为一个"悬"字。但面纱褪去，当人们得以知道它的真相，便失去了探究的动力，而当事人也便得以摆脱困扰、安享宁静。

如果你成了被围观的"犀利哥"，与其躲避、遮掩，或斥责他人，不如将谜底向众人揭晓。当然，如果背后的真相是你不能让他人知晓的隐私，那么即使不能揭开答案，也要做到置之不理。在你漠然的态度下，种种探究也就会随着时间的流逝而消失。

拍球效应——压力要有，但也别太多

拍球时，我们用的力气越大，球就会跳得越高；但是如果拍球的力气太大，完全超出了球所能够承受的范围，那么球便会被拍破。由此，心理学家们得出了拍球效应：在生活中，毫无压力会让我们懈怠，承受一定的压力却能够让我们激发自我的潜能。也就是说，适当的压力有助于我们获取成功，而过度的压力则会将我们压垮。

1908 年，心理学家叶克斯和道森通过动物实验很好地论证了拍球效应的正确性。他们发现：个体活动的效率和个体承受压力的水平之间存在着一定的函数对应关系，这种对应关系可以表现为一种"倒 U 形"曲线。即当个体因工作难度提高等原因而感到有压力时，会带动积极性、主动性以及克服困难的意志力增强，此时压力的增加能够提高个体活动的效率。并且当压力水平为中等时，个体的效率最高。然而，如果压力超过了一定限度，则会给个体造成沉重的心理负担，不仅会使个体的效率降低，而且会给个体的身心造成伤害，甚至将个体压垮。

因此，生活中那些能够获取成功、畅享幸福生活的人往往是懂得控制压力的人。他们会给自己一定的压力，却不会任由其增大，他们懂得及时地释放压力。

克里拉美是一位外表娇弱的女性，然而她却是广告界赫赫有名的策划大师。我们知道，做广告策划的人往往要承受非常大的工作压力，因为他们只有高密度地创新，才能够在同行业中站稳脚跟。然而，为了让自己的人生具有价值，让自己有所成就，克里拉美主动选择了广告策划这一职业，并且从未后悔过。

克里拉美的办公桌上摆放着生机盎然的云竹，墙壁上挂着颜色鲜明、欢快的画。她说："有人觉得我过得很轻松，有人觉得我一定被压力折磨得疲惫不堪，其实这两种想法都不正确，事实上并非如此。我享受压力，也享受轻松。和很多广告策划人一样，我也承受着巨大的工作压力，只是我对待压力的方法有些不同罢了。很多人成了工作的俘虏，被巨大的工作压力牵着鼻子走，越是这样，工作状况就会越糟糕。而我几乎不会让无关紧要的事情来妨碍自己的工作。当我感到有压力时，我就会重新审视自己，看看是不是让一些不必要的事情绊住了脚。对待工作，我会端正自己的心态，不逃避，也不厌烦。除此之外，有时我也会适当地改变一下周围的环境，这有意想不到的收获。当我感到压力很大、疲惫不堪的时候，就会去花店买一束鲜花放在桌子上，这样我的心情就会立刻变得轻松起来。"

克里拉美选择了从事压力巨大的工作，而这样的压力也成就了她的辉煌；但同时她也懂得及时调整自己的状态，及时减压，让自己过得尽可能的轻松。从克里拉美的案例中，我们可以知道，压力只有被控制在一定的范围内才能给我们以积极的影响。

克里拉美用自身的经历向我们讲述了拍球效应的智慧：压力是把双刃剑，给自己压力，你会更接近成功；但同时也要懂得缓解压力，将压力有效地控制在我们可以承受的范围内，这样才能避免自己为压力所伤。这一点很值得我们借鉴，当我们将这样的心理学智慧运用于自己的生活，相信我们的人生会因此而不同。

安慰剂效应——安慰不只是安慰

人们常常引用安慰剂效应。其实，安慰剂效应本质上是个科学问题，或者说是医学问题，且目前仍是个谜题。只不过它被认为与人的心理状态的关系非常大，且在生活中有许多类似安慰剂效应的现象存在，因而它才被引入了心理学领域，用来说明人们的一种心理状态。

安慰剂效应是由毕阙博士在 1955 年提出的。所谓"安慰剂效应"，是指虽然病人得到的治疗药物实际上没有任何治疗作用，但他们"预料"或者说"相信"药物有疗效，从而使病症减轻的现象。注意，这种病症减轻不是假象，而是真正意义上的减轻，这也正是此效应令科学界和医学界百思不得其解，同时也令心理学界颇感兴趣的原因所在。

当然，安慰剂效应实际上无法达到长期、普遍、有效的治疗目的。通常安慰剂效应只对那些渴求治疗、对医务人员充分信任的病人有作用，这些病人被称为"安慰剂反应者"。而且，即使对安慰剂反应者，安慰剂也无法达到长期有效的作用。但是，世界上毕竟存在安慰剂效应，且从各个角度来看，这种效应都与心理反应脱离不了关系，因而它也就有了被研究并被应用的价值。

医务人员可以激发病人产生安慰剂效应。而在我们的生活中，同样有许多诱因，可以激发出安慰剂效应。比如，几个"宅人"终于走出家门，到野外郊游。当他们挥汗如雨到达山腰时，被眼前难得一见的碧水、清泉、草甸、繁花深深吸引，不禁感到胸中积郁的浊气随着呼吸消失殆尽。休息时，一个人递给同伴水壶，同伴喝了两口后，立即感慨道："这山上的泉水就是甘甜，都甜到我心里去了。咱在家里啥时候喝过这么好喝的水呀。"递水壶的同伴不禁笑道："什么泉水，这就是我在家灌的凉白开水呀！"几个人不约而同地哈哈大笑起来。不过他自己喝了两口，也觉得这水格外甘甜，完全不似在家时喝的水。

水其实没有任何变化，只是由于他们身处一个格外舒适的环境中，身心都处于一种极度愉悦的状态下，所以此时安慰剂效应发挥了作用，白开水也变成了可口的山泉。即使他们后来知道那原本就是普通的水，也觉得它格外甘甜。

在医学中，安慰剂必不能为受试者所知，否则就会失去安慰剂效用；而且，据研究，医学上的安慰剂反应者，通常具有容易交往、有依赖性、易受暗示、自信心不足、很关注自身的各种生理变化、有疑病倾向和神经质等人格特点。

比如上文案例中的几位"宅人"，因为，进入美好环境，所以他们容易产生身心愉悦的感觉。此时，其实环境本身已经给了他们一剂安慰剂，使他们在城市里和家里感受到的郁闷、痛苦被释放出来，很多难题也被搁置一旁，好像已经处理掉了一样。需要注意的是，这种愉悦不仅仅是暂时的、一闪而逝的。实际上，这种感觉会在人的心中留下痕迹，使人即使回到旧环境中，也不会立刻回到原来不好的状态，而会以比原来更为积极的心态迎接生活的挑战。这也是经常参加户外运动的人看起来比"宅人"更健康、精神状态更好的原因所在。因为安慰剂不只用于安慰，而且真正起着愉悦身心、调节心理健康的作用。

第六章

大众心理学：心理总是拉扯着我们走向平庸

　　每个人都想卓越，可是我们总是那么容易变得平庸。因为周围的坏榜样实在是太多了。看到别人干什么，我们就觉得自己也该这么做。所以别人犯懒，你也跟着犯懒；别人犯困，你也跟着犯困；别人犯糊涂，你也跟着犯糊涂；那要是他犯罪呢？难道你也跟着踏上不归路？

　　我们之所以那么容易受人影响，是因为我们的心理需要要求我们跟别人一样，不管是好的还是坏的，抱着"法不责众"的态度，我们义无反顾地让自己"堕落"了。其实只要我们对大众心理稍加研究，然后对自己稍加控制，我们就可以拒绝平庸。不信？那就试试看吧！

从众效应——我们都害怕被孤立

一位心理学家联手化学家做了一项实验：在某会场内，化学家高高举起一小瓶药水给台下的人看，并说："这瓶药水是我最新研究出的挥发性液体，现在我要计算液体的挥发性能。当瓶盖被打开后，如果有谁能闻见气味，一定要马上举手。"说完，化学家将瓶盖当众打开。

1分钟后，坐在台下的心理学家将手举起。随后，只见会场内举起的手不断增多。不到2分钟，会场内所有人员都将手举了起来。

此时化学家询问大家："你们都闻到气味了吗？"会场内应声一片。

只听化学家笑着说："可是瓶子里装的是纯净水。"会场顿时哗然。

心理学家解释，之所以大家都闻到了挥发性气味，这一切其实是从众效应在作怪——一个人举手后，其他人也会跟着举手。随着受到言语暗示和行为暗示的人数不断增多，似乎闻到气味的人便多了起来。这种现象就是心理学上所称的"从众效应"。

从众效应是指人在社会群体中容易不加分析地接受大多数人认同的观点或行为的心理倾向，这也就是大家口中常说的"随大流"。不管是生活中还是职场上，随大流的人不在少数。是什么让他们的耳朵如此"软弱"呢？让我们来听听这些声音。

"大家都这样说，如果我不随着一起说，那我岂不成了另类？""既然别人都是这样做的，我还是随着大部队'前行'得了。"看来，从众心理对人的影响很大。之所以有从众心理存在，是因为很多人不愿意感受被孤立。为了拥有所谓的安全感，他们放弃了自己的观点、行为或者态度，去迎合大多数人。有时候，从众心理是个体在群体中自我施压的结果，其最终行为是自己强迫自己违背当初的意愿。虽然这有违自己的初衷，但是如果能够因此获得集体的认同和保护，那么即使是错的，自己也愿意去尝试，而且是强迫自己去屈从。

学者阿希曾经做过有关从众的心理实验。结果表明，调查人群中只有1/4~1/3的人没有发生过从众行为，始终保持独立性。而其余的被调查者无一例外有过随大流的行为。可见，从众是一种常见的心理现象。因为害怕被他人孤立，某些人放弃自己的真实意愿，去接受别人的意见并付诸行动。

环顾周围我们不难发现，但凡有所成就之人，无一例外都拥有标新立异的创新思维。这也就形成了同是兢兢业业地工作，认认真真地生活，有人飞黄腾达、精彩无限，有人却平平庸庸、默默无闻的局面。通常，认为与他人观念保持一致才合群之人，他们的心中有一棵"墙头草"。随着不同声音的出现，这棵"草"就会随风摇摆，甚至临阵倒戈。事实证明，耳根子太软的人很难有所作为，只有自强、自立、自信之人才能将潜能发挥到最大限度，打造出一片美丽的天地。

西田千秋说："路的旁边也是路，我只从旁边走了几步。"可恰恰是这几步，走出了个人的魅力、个人的风度、个人的未来。不要因为害怕被孤立而选择跟随别人的步伐，亦步亦趋的人永远活在别人的影子里。巴金曾说："我只走我自己的路。"我们不妨摆脱从众效应，创造一个铭刻专属自己标志的精彩人生！

波纹效应——宣传为什么这么重要?

你是否有过这样的经历，在超市购物时，本来你对某件商品没有任何需求，但是随着导购员天花乱坠的介绍，你也会跟随着购买大潮毫不犹豫地掏出钱包将物品带回家。其实，这种一呼百应的状况在生活中很常见，心理学家把它称为"波纹效应"。波纹，顾名思义，就是将一块石头扔进平静的水里后会形成波纹，并且波纹会一层层扩散开来。

营销学上讲究宣传策略，宣传真的这么重要吗? 答案是肯定的。根据波纹效应，只有将宣传做精、做广，才能吸引更多人的眼球。如果你不相信，请看看下面的例子:

董舒是某家具公司的营销总监。此家公司生产的家具以实木为主，价格不菲。这一阵，公司刚刚推出黑胡桃木系列家具，可是由于价格昂贵，很少有顾客问津。进行产品讨论会时，公司的很多人对此状况很是不解。论材质，自家家具是由真材实料黑胡桃木所制; 论风格，自家家具用的是国际领先的欧式设计。可是为什么销量不佳呢? 大家七嘴八舌地议论了半天，也没有议论出个所以然。一直没发言的董舒默默地吐出了一句震惊四座的话:"宣传力度不够。"

他的话刚一出口，广告策划负责人就提出反对意见，软文、硬广轮番在电台和电视台播出，怎么能说宣传不到位呢?

董舒冷静地解释道:"当前的宣传方式只是简单而又笼统地介绍家具，消费者只不过是一看而过，不会真正地用心。如果想让销量增长，我们不妨搞个心理战术，充分运用波纹效应。"他顿了顿，提出了一套崭新的宣传方案——"让消费者亲身体验，通过口口相传扩大影响"。

看着董舒自信满满的模样，公司领导半信半疑地采取了这个方案。果然，几位消费者的试用报告吸引了许多消费者，新系列家具的销售量连连攀升。

与其说董舒是一位睿智的营销者，不如说是心理学帮了他大忙。波纹效应就是暗地里迎合人们的从众心理，用某种方法使中心点振荡，从而使产生的波纹辐射至四周，涵盖更为广阔的空间。在生活中，我们会看到商家用各种各样的方法进行促销。这种铺天盖地的宣传方法，正是利用波纹效应，力求吸引更多的消费者。

与波纹效应息息相关的宣传，是一种专门服务于特定议题的信息表现方法。一直以来，宣传都是影响事态发展的关键，它对于对事物的全面拓展和深入探索起着决定性作用。从大的方面说，我们所处的环境纷繁复杂，想要在这个环境中更好、更快地发展，就要学会造势。运用波纹效应，宣传会变得更加行之有效。

另外，从细微之处着眼，我们会发现宣传在生活中无处不在。产品成功销售必须有两个关键，其一是质量，其二则是宣传。事实正是如此，如果想让某件事为人所知，就要正确理解宣传的重要性和必要性。只有进行宣传，才能吸引别人。正是因为具有吸引力，效果才会扩散至四周，继而感染整个大众人群。有人称宣传是承上启下的取胜之道，看来这句话一点也不为过。

地位效应——阿谀奉承是种本能

著名美国心理学家托瑞曾做过这样一个实验：

他组织机场包括驾驶员、领航员、机枪手在内的空勤人员一起讨论问题，要求每个人都发表自己的观点，随后其他人进行同意或反对的投票表决。他发现，在讨论过程中，如果是机枪手提出的观点，即使是正确的，往往也只有40%的人会赞同；而如果是领航员提出的正确观点，其他人则会100%地赞同。

由此可见，人们更加愿意相信地位高、有权威的人说的话。在群体中，地位高的人的意见或观点更容易被人们赞同、支持；相对地，地位低的人的意见或观点，即使是正确的，也不容易被人们所接受。托瑞将这种现象称为"地位效应"。简言之，群体中普遍存在着"言由人定，人以位重"的现象。

显然，这样的现象让很多人不满，甚至愤慨，但同时许多人又不知不觉地成为"阿谀奉承"的人。其实，与其不满、愤慨，不如巧妙地运用这种大众心理。在这方面，我们很应该向麦哲伦学习。

大多数人都知道麦哲伦是环绕地球一周的大航海家，却可能很少有人知道他的成功始于他出色地运用了地位效应。

哥伦布航海成功之后，许多骗子和投机商人为了求得国王的资助，频繁地出入王宫，试图通过频繁觐见获得国王的好感和赏识，进而提出自己的计划，以王室的权威和力量来帮助自己实现这一计划。

麦哲伦也想获得国王的资助。在拜见国王之前，他特地拜访了当时著名的地理学家路易·帕雷伊洛。路易·帕雷伊洛是国王看重的地理学权威专家，国王给予了他高度的赞许和认可。

麦哲伦先向路易·帕雷伊洛论证了自己的观点，之后邀请路易·帕雷伊洛一同去拜见国王。作为知名地理学家的路易·帕雷伊洛对麦哲伦的观点表示赞同，并非常赏识麦哲伦的才华、胆识和谋略。当天，路易·帕雷伊洛觐见国王，并向国王反复强调麦哲伦航海将带给西班牙的各种好处，同时说服国王颁发给麦哲伦航海许可证。最终，麦哲伦获得国王的大力资助，得以成功绕地球航海一周。

麦哲伦之所以能够成功，最关键的原因在于他充分利用了路易·帕雷伊洛的地位的力量，让有地位的路易·帕雷伊洛为自己说话，进而获得西班牙国王的认可。试想，如果没有与有地位的人结识，没有获得有地位的人的认可，进而让有地位的人为自己说话，人微言轻的麦哲伦如何能获得国王的巨额资助呢？

生活中，即使目前我们人微言轻，也不必抱怨。我们应该做的是，接受人微言轻、地位效应普遍存在的客观现实，进而趋利避害地对其加以运用。比如，我们可以像麦哲伦一样去积极地结识有地位的人，通过获得他们的认可与支持，来提升自己在群体中的话语权。

总的来说，面对让人不忿的地位效应，与其抱怨、愤慨，不如运用它，让它为自己服务，把"人微言轻"的帽子从自己头上摘掉！

搭便车效应——为什么共产主义这么难实现？

共产主义为什么难以实现呢？经济学家、社会学家都各有说法，而心理学家们也从心理学的角度对此做出了解释。

心理学家们指出，搭便车效应的普遍存在是共产主义难以实现的重要原因之一。那么，什么是搭便车效应呢？

所谓"搭便车效应"是指这样一种现象：群体内的每个成员都能分享群体所获得的利益。但是或许由于缺乏主动性，或许由于责任感不够，群体中往往只有部分成员为了群体的利益而努力，而另外一些坐享其成的成员便搭了便车。而这种搭便车现象几乎在每个群体中都不同程度地存在着。究其原因，与大众心理密切相关。心理学家指出，当某种责任或事务由一个群体承担，而没有具体到个人头上时，责任便会扩散。同时由于群体结果无法归因到单独的个体，导致个人付出与整体产出之间的关系模糊。这样个体的心理积极性便会大幅降低，继而产生懈怠心理。这样一来，搭便车效应便产生了。

显然，"共产"的概念不仅模糊了个人责任，让责任扩散；而且对个人付出与获得、个人付出与整体产出的界定不明朗。在这种情况下，要求群体的每个成员都具有高度责任感，保持积极性，这显然需要每个个体都具有相当高的思想觉悟和极好的心理品质。而这并不是一件容易的事，共产主义实现的难度也就可想而知了。

值得我们注意的是，搭便车效应的存在不仅是实现共产主义的拦路石，更是提高群体效率的阻碍，其危害是非常大的。比如，在群体协作过程中，如果更多地强调合作规则，而忽视个体成员的个人需求，就往往会使个体成员产生由别人去付出努力、承担风险，而自己坐享其成的想法。这种搭便车的心理会在极大程度上抑制个体成员为群体的利益而努力的动力。如果这样的个体成员过多，那么会在很大程度上削弱群体的创新能力、凝聚力、积极性等。并且，群体的规模越大，这种现象就越显著。

当然，面对这种消极影响极大的搭便车效应，我们并不是无计可施。抑制搭便车效应的方法很多，比如，将群体的规模控制在一定的范围内。心理学研究表明，群体规模小能够确保每个成员对群体的较大影响。这样一来，个体的责任感会相对加强，个体努力与奖励的不对称性相对减弱，从而使搭便车效应的负面影响减弱。

又比如，将任务与责任具体到每个成员头上。当每个人所担负的责任与任务都明确后，个体成员便不再具有搭便车的条件。也就是说，明晰个体成员的责任与任务，是从根源上杜绝搭便车现象的方法之一。

再比如，随时了解进度，对过程进行监控，也是一种很好的减少搭便车现象的方法。随时了解进度、监控过程，不仅有助于我们了解群体的整体效率，而且便于我们及时发现那些搭便车的个体成员。调整搭便车成员的责任与任务，并且对其实行惩罚，从而有效地减少搭便车现象。

此外，营造一种愉快的合作环境，指导群体成员的合作技巧，调控其各自的任务，督促他们完成任务，在奖励机制上避免平均主义，实行按劳分配，等等，都是减弱搭便车效应所带来的负面影响的有效方法。

答布效应——角色行为的导演

你是否思考过这样的问题，是什么在支配着我们的行为？是心中所想吗？很多时候，我们的行为并不那么符合我们的心愿，反而更加符合我们所扮演的角色。比如，作为一家之长，当心里很难过的时候，往往不会按照心中所愿那样大哭一场，反而会故作坚强，以符合一家之长的风范。由此可见，我们的行为往往是由我们所扮演的角色决定的，我们的大多数行为都属于角色行为。然而，这种角色行为又是由什么导演决定的呢？心理学家告诉我们，答布导演了人类的角色行为。

所谓"答布"是指一种传统的习惯和禁律，是人类社会初期的一种生活规范。在原始社会，由于生产力水平、科学文化水平很低，人类的认识非常有限。那时，人们将神怪、污秽事物视作禁忌，认为一旦触犯它们，就会蒙受灾难。因此，人们躲避它们，敬畏它们。久而久之，这种信念便成为一种习俗，也就是被人们称为"答布"的东西。同时，随着社会的发展，人们也渐渐认识到，作为群体中的一员必须要遵守一定的社会活动规范或法则，否则就可能遭到群体中其他成员的攻击。人类社会发展到今天，人们所需要遵守的社会角色规范已经远不是"答布"可以描述的。但有一点越发明显，那就是，人们的角色行为必须遵守相应的角色规范，这就是心理学家们所说的"答布效应"。

答布效应普遍存在于我们生活的方方面面。比如，在公司，我们扮演的是公司职员的角色，我们的行为就必须符合公司的相关制度、规范；在家里，我们的角色是父母，那么我们的行为就必须符合相应的道德规范、法律法规，要用心教养子女、关爱子女，而不能对子女有失照顾，等等。心理学上所说的"答布效应"的"答布"比历史学家们所说的"答布"更具有丰富的内涵。后者是指法律诞生前的公共规范；前者是指社会中，如宪法、各种政策规定、党纪、各种道德法规、各类公约守则等明文规定的角色规范，以及风俗习惯、道德观念等没有明文规定的行为准则。

在不同的人生阶段、不同的场合，我们所扮演的角色是不同的，而我们要遵守的角色规范也是不同的。因此，我们必须时时自省自己所扮演的角色，清楚地知道相应的角色规范，并且严格地用这种规范来规范自己的行为。比如，同样 20 多岁，恋爱中的女人可以任性地要男友用其一个月的工资为自己买条裙子以证明他对自己的爱；但作为妻子的女人则不能有这样的行为，因为这不符合妻子会持家、识大体、懂事的角色规范。又比如，男人在成家之前可以不必与任何人打招呼就与朋友彻夜欢谈、畅饮；但当男人成为丈夫，这种不符合丈夫角色规范的行为势必会激起妻子的不满，甚至会招来身边所有人的责备和不认可。

答布效应告诉我们，作为一个社会人，我们必须遵守角色规范中那些已经确立的思想和行为的标准，明确什么应该做，什么不应该做，什么情况下应该表现出什么样的行为。这看起来似乎是一条束缚我们的锁链，却非常必要。唯有明确了这些，我们才能成功地演好人生这出戏。

当然，我们说要遵守角色规范，并不是要大家死板地生活。在角色规范允许的范围内，我们完全可以按照心中所好来进行创新性的行为。这样的人生不仅是成功的，更是精彩的、有趣的。

棘轮效应——我们从不吝惜欺骗自己

我国古代有这样一个故事：商纣王登基之初，群臣和百姓都认为纣王精明能干，商朝的统治一定会非常稳固。有一天，纣王让随从为自己做了一副象牙筷子，他吃饭的时候非常喜欢使用这双昂贵的筷子。纣王的叔叔箕子劝说纣王不要这么奢侈，纣王并不听劝。当时别的大臣也觉得这种小事不要紧。然而箕子却非常忧虑，他说："事情没你们想象的那么简单，纣王习惯使用象牙筷子之后，就不可能再用瓦罐做餐具了，他一定会用犀牛角制成的杯子和璞玉做成的饭碗；有了这些名贵的餐具，纣王就不可能再吃粗茶淡饭，大王的餐桌必然是餐餐美酒佳肴；吃惯了美酒佳肴，大王就不可能再穿粗布衣裳、住简陋平房了，自然会要求穿绫罗绸缎、住装潢精美的宫殿；有了这么奢侈的生活，大王就会召集天下美女，享受取乐了……这样严重的后果让我不寒而栗啊。"果不其然，5 年后因为纣王的骄奢淫逸，商朝覆灭了。

在这个故事中，纣王的消费习惯体现的就是心理学上的棘轮效应。那么什么是棘轮效应呢？心理学家普遍这样定义棘轮效应：它也被称作"制轮作用"，是指人的消费习惯一旦形成，往往很难逆转，也就是说向上调整很容易，而向下调整则非常难。这种习惯效应在短期内表现尤为明显。此外，这种习惯效应是与曾经的最高峰收入相比较而言的。通俗地说，当收入提高时，人们很容易增加自己的消费金额；但是当收入降低时，人们却很难减少自己的消费金额。

棘轮效应最早是由著名经济学家杜森贝提出的，这一理论和古典经济学家凯恩斯倡导的消费可逆论是相反的。杜森贝认为消费决策不是只取决于个人收入，消费习惯对消费决策也有很大的影响。影响消费习惯的因素是多种多样的，包括个人生理需求、个人心理需求、社会需求、个人经历产生的影响等。在这些因素中，心理需求对消费习惯的影响尤为突出。而且人们在收入最高峰时期所形成的消费标准往往就是他们在平时消费时经常对比的那个标准。

在现实生活中，我们经常会发现这样一种现象：有些人在富裕的生活中养成了很奢侈的消费习惯，诸如穿衣必须是名牌、出门必须坐出租车、吃饭必须到大饭店等。后来他们家道中落了，经济条件大不如从前，然而他们的消费习惯却并没有随之下降，没有名牌衣服，坐不起出租车，付不起大饭店的账单，他就宁愿不出门或少出门。他们害怕身边的人会看不起自己！这种虚荣和拉不下面子的想法实际上就是心理学上所说的棘轮效应。

国外很多商业巨擘虽然家财万贯，但是他们并不放纵子女的消费行为，子女们要想得到零花钱，就必须以劳务来换取，比如洗碗、擦地、洗车子等。这些成功的商业精英认为养成节俭自立的习惯对儿女们来说非常重要。世界首富比尔·盖茨就是个典型的案例：他的个人资产超过 500 亿美元，然而他却将全部财产都捐给了慈善事业，只留给自己的 3 个子女几百万美金。

我们在消费的时候要尽量避免棘轮效应，根据自己的实际收入、家庭负担、物价水平等具体情况理性地规划自己的消费，杜绝那种虚荣、攀比、好面子等消极心理。我国古代著名思想家司马光曾经说过"由俭入奢易，由奢入俭难"，实际上这句话反映的就是棘轮效应的原理，这也是我国几千年来都倡导勤俭节约的一个重要原因。

控制错觉定律——我们能控制全世界吗？

　　心理学家们曾做过这样一个实验：他们以每张彩票 2 元的价格买回一批头奖为 500 万元的彩票。然后他们将这些彩票原价转售给受试者。其中，有一半的彩票是由受试者自己挑选，另一半彩票则是由心理学家按顺序出售，受试者不能挑选。到了开奖的前一天，心理学家们又找到这些受试者，声称自己的朋友想要买彩票，希望他们能够转让，即使价格贵一些也没有关系。结果是：那些自己挑选彩票的受试者转让彩票的平均价格是 800 元，而那些并非由自己挑选的彩票的受试者愿意转让彩票的价格为 142 元。由此心理学家们得出了这样一个结论：从心理上说，相比其他人挑选的彩票，人们更愿意相信自己挑选的彩票会中奖。

　　心理学家们指出，实验中受试者之所以会产生那样的认知，就是心理学中的控制错觉定律在起作用。控制错觉定律，即对于一些非常偶然的事情，人们容易产生凭借自身的能力是可以支配之的错觉，并且往往会认为自己是无所不能的。

　　之所以会产生这种控制错觉，是因为在日常生活中，人们有能力支配绝大多数事情，并且也在实践这种支配。这样一来，人们便形成了一种偏执的心理认知，由此推彼地错误地认为，凡是发生的事情，自己都可以凭借自身的能力支配，即使是偶然性的事件也不例外。

　　然而，偶然性的事件并非人力所能支配，而是受概率支配的。那些偶然性的事件虽然偶然，但也有规律可循，而这个规律就是概率。比如，扔硬币，是正面还是反面并不是人力所能控制的，但是其结果受概率规律的支配，并且这种规律随着扔硬币次数的增加而越发明显。也就是说，你抛 50 次硬币，正面和背面出现的概率一定接近 50%，但是你不能够准确地预测到底哪一次是正面，哪一次是背面。我们可以通过科学规律把握事态的发展，却没有足够的能力操控事态怎样发展。

由此可见，对于上述实验中的受试者来说，无论是自己挑选的彩票，还是由别人分配给他们的彩票，从概率上讲，其中奖的可能性并没差别，不存在自己挑的容易中奖、别人分配的不容易中奖的问题。其实很多人也都知道这个道理。但是一旦到实践中，他们就会被自己偏执的心理所影响，固执地认为自己"精心挑选"的彩票一定更容易中奖。

这种控制错觉定律往往会导致顽固、刚愎自用等倾向，从而给我们的生活带来极大的消极影响。比如，在这种心理的影响下，许多人都认为钱经过自己的手来投资，比交给投资经理去投资具有更大的赢利的可能。于是，尽管自己并不是那么了解投资理论，对市场行情更是一知半解，也还是固执地自己乱投资，而结果就是赔光了自己的血汗钱。相反，那些能够跨越这种心理的人，往往能够做出理性的选择，从而让自己的人生朝着更加有利的方向迈进。比尔·盖茨就跨越了这种心理的影响。他不认为自己是无所不能的，尽管他创造了无数的财富。他清楚地认识到自己不善于投资理财，于是聘请了投资经理——劳森为自己理财，并由此获得了丰厚的投资报酬。

许多偶然现象的发生，实则主要受到概率的影响，却往往被人们当作自己控制的结果。所以时常提醒自己"我不是万能的，我没有能力控制全世界"是非常必要的，这样做能够有效规避控制错觉误导我们的认知，从而让我们对自己有一个清楚、客观的认识，进而为个人发展奠定良好的基础。

鸟笼效应——我们被惯性的笼子套住了

1907 年，心理学家威廉·詹姆斯与好友物理学家卡尔森结束了在哈佛的教学生涯后，常常结伴从事各种各样的活动以打发时间。

一天，詹姆斯突发奇想，对卡尔森说："我预言，你在不久以后会养一只鸟。"卡尔森不以为然："老朋友，你在开什么玩笑？恐怕你的预言无法成真了，因为我从未有过养鸟的想法。"

詹姆斯给了卡尔森一个鸟笼，卡尔森将这个精致的鸟笼摆在书房里，他只当鸟笼是工艺品。然而，让他郁闷不已的事发生了：来拜访他的客人在看到那只空鸟笼后无一例外地会问："教授，你养的鸟死了吗？什么时候的事？你千万别难过啊！"而卡尔森只好一次次无奈地解释说："我从没养过鸟，这只是朋友送给我的一只空鸟笼。"然而，听到这样的回答，客人们总是一副"我知道你死了爱鸟，很伤心，但也没有必要这样逃避事实"的样子，仍然说许多话来安慰卡尔森。这使卡尔森看到这只空鸟笼的时候，产生了"少了一只鸟，我应该买一只鸟"的想法。无奈之下，卡尔森最后买了一只鸟，而詹姆斯的预言成真了。

那么，为什么给卡尔森一个空鸟笼，就能让卡尔森养鸟呢？原因是：空鸟笼会让人产生一种别扭的感觉，而且会招来他人异样的眼光，让人困扰，同时也不甚美观，但是要丢弃无疑是可惜的。唯一可行的解决办法就是买只鸟，让鸟笼不再空着，这样就能同时解决他人的质疑、心里的别扭感和不甚美观等问题了。心理学家指出，空鸟笼并不是一个合理的存在，长时间放置这种不合理的摆设，会对人的心理造成一定的压力。即使没有他人的询问、质疑，我们不需要向任何人解释，时间一长，当空鸟笼带来的压力累积到一定程度的时候，为了消除这种压力，我们也往往会主动买一只鸟来与笼子相配套，让它不再空着，从而成为合理的存在。

卡尔森的鸟笼是詹姆斯给的，而生活中的很多时候，我们先在自己的心里挂上一只"笼子"，然后在"空鸟笼"的影响下不由自主地往笼子里放"小鸟儿"，使得生活复杂了许多。

比如：我们买了一张自己并不那么需要的书桌，我们很喜欢，再加上价格便宜，我们就买了。当书桌搬回家摆进书房后，我们会发现原有的木藤椅与这雅致的书桌完全不相配，而要把书桌丢到一边不去用它，又舍不得。于是，为了看着"舒服"，我们又买了一个时尚又美观的转椅来搭配书桌。谁知，别扭的事情又发生了，书房里的书柜跟这套桌椅比起来简直像是被时代淘汰的东西，越看心里越难受，于是又花钱把书柜换了……就这样，买了一张便宜的书桌，却给自己增加了许多无谓的烦恼，把自己弄得疲惫不堪。

那雅致的书桌跟狄德罗效应里面的睡袍是何其相似？它就像一只与自己实际情况不符的空鸟笼，一旦它进入我们的生活，就会引发一系列的烦恼和麻烦。而要想避免后续的一连串麻烦，从一开始，我们就不应该让那只"空鸟笼"进入我们的生活。

也就是说，生活中，我们的追求和选择，应该以符合自我的实际情况为前提。如果选择、追求了不符合自身实际情况的东西，只会自寻烦恼；相反，如果选择了与自身实际情况相符的"空鸟笼"，在我们将"空鸟笼"填满的过程中，我们的生活会更加丰富多彩，我们会收获成功、幸福与快乐。

破窗效应——墙倒就被众人推

墙倒众人推是人类的一种劣根性。倒不是说人类没有同情心，或者做人太不地道，而是人们看到一件已经无法挽回的事情时，如果不去推一下，手就会很痒。也许本来那堵墙立着的时候就觉得它碍事了，只不过自己没那个力气推倒它；现在好不容易机会来了，那还能不蜂拥而上以解"心头之恨"吗？

这一点在心理学上也是有证可寻的，心理学家们将这种墙倒众人推的心态称为"破窗效应"。它的意思是，如果人们看到一座房子的窗户破了，但是过了一段时间还没有修补的话，人们就会不自觉地拿起石头将这座房子的其他窗户也打破；如果一面墙上出现了涂鸦，却没有被及时清理掉，那么这面墙上很快就会被涂得乱七八糟；还有就是，如果人们看到一个地方很脏乱，就会毫无愧疚地往上面乱丢垃圾……

这些画面在我们的生活中随处可见，这就是破窗效应起作用的结果。而为了证明它的普遍性和科学性，1969 年，美国斯坦福大学的心理学家菲利普·辛巴杜做了一项实验：

菲利普找来两辆汽车，这两辆汽车无论新旧程度还是样式都完全相同，只不过菲利普将它们放在了两个不同的地方。他把其中一辆停在加州帕洛阿尔托的一处干净整齐的中产阶级社区，而另外一辆则被他停在了相对比较混乱的纽约布朗克斯区。

放在帕洛阿尔托的汽车在外观没有任何改变的状况下，放了一个星期都没有人理睬；而放在混乱的纽约布朗克斯区的那辆车被摘掉了车牌，打开了顶棚，当天就被人偷走了。菲利普产生了疑问，难道真的只是因为中产阶级社区的人素质高吗？于是他将放在帕洛阿尔托的那辆汽车的窗户用锤子砸了个大窟窿，结果没过多久，这辆车也被偷走了！

政治学家威尔逊和犯罪学家凯琳在这项实验的基础上正式提出了"破窗效应"的概念。就像我们开头说的那样，要是有人将一座房子的窗户玻璃打破了，而且没有即时修补，那么很快这座房子的其他玻璃也将被打坏。再然后，如果这些破掉的玻璃还没有人管的话，就会给人一种破败不堪、没有秩序的感觉，从而使得犯罪行为丛生。

这是一种非常普遍的大众心理，就像我们之前在马太效应中提到的那样，越好的会越好，越坏的会越坏。在一个整齐干净、井井有条的环境中，人们基于道德和理智是不愿意去破坏它的，不仅不会破坏，还会主动维护。而如果人们处于一个嘈杂混乱、毫无秩序的环境，那么人们也就会放低对自己的要求，会想"反正已经这么坏了，也不多我这一个"。于是环境就会越来越差，大家都破罐破摔，这当然很限制我们个人素质的提高。所以现在你明白为什么我们想要变得卓越很难，而变平庸却那么容易了吧？也明白为什么那么多的家长学习"孟母三迁"的精神，无论如何也要将自己的孩子送到最好的环境中去学习的原因了吧？这些用心良苦，正是出于对破窗效应的"敬畏"。人们会选择敬而远之来逃离一种可能会让自身变得颓废和堕落的环境。

因此，基于破窗效应的存在，如果我们没有办法改变自己的环境，又不想受其影响，那就只能让自己变得意志坚定了。不要看到"破窗"就想着往上扔石头。当然如果破的是你的"窗户"的话，那就别犯懒，及时地去将它修补好。只有防微杜渐，自觉维持秩序，防范自己的心理问题，你的心态才可能不受"破窗"的影响，时刻保持健康，不是吗？

泡菜效应——人是环境之子

韩国泡菜可能我们都吃过，但我们这里所说的泡菜可不是那个泡菜，而是"泡过的蔬菜"。想想看，你在冬天的时候从外面买来一堆大白菜。它们本来是相同的菜，当你将这些白菜泡在不同的作料里，一个用蒜泡，一个用醋泡，一个用孜然泡，一个用辣椒泡。经过一段时间之后，你再来尝这些白菜的味道，是不是发现它们各有各味，已经完全不同了呢？

这就是我们现在要讲的泡菜效应。它要说明的就是泡菜作料的重要性。相同的菜，在不同的作料中浸泡，时间一长，原本一样的菜，味道都变了。当然，我们现在要说的是人。

我们都知道环境对一个人的成长的重要性。比如三胞胎兄弟，他们拥有相同的基因和相貌，由于父母的原因，不得不被分开抚养，于是一个跟随父亲去了美国，一个被送到了乡下奶奶家，一个则留在大城市跟母亲一起长大。等到 20 年后，三兄弟再聚首，你会发现他们都变了。虽然他们长得还是很像，但是气质和谈吐完全不同，你可以很容易分清楚到底谁是谁。因为不同的环境造就了不同的性格，也造就了不同的人生。他们在不同的环境里长大，所受的是不同的教育，接触到的是不同的人，耳濡目染的是不同的世界。于是，渐渐地，原本相似的三个人开始发生变化，他们的思维、视野、世界观、看问题的角度都会发生改变，尽管外表相同，但是内心世界有了天壤之别。这就是泡菜效应所造成的影响。

一傅众咻的故事我们都听过。一个楚国人想让自己的孩子学习齐国语言，于是请来一个齐国人教他，结果孩子学了很长时间也学不会。原因很简单，因为尽管他有一个出色的齐国老师，但是敌不过爹爹妈妈街里街坊全都讲楚国话。后来这个楚国人把孩子直接送到齐国去，没多久他就学会齐语了。

这就是泡菜效应的古老诠释，从中我们可以看出环境是多么重要。我们经常说"近朱者赤，近墨者黑"，其实就是这个道理。环境可以影响、改变和造就一个人，而人也理所当然地成为"环境之子"。我们在破窗效应中已经提到了"孟母三迁"。"孟母三迁"的原因，正是孟母知道环境对一个孩子的成长的重要性。在人的成长过程中，外界给他什么样的信息，他就会顺着这个信息去发展，也就会成为什么样的人。家长们都希望自己的孩子能有一个好的成长环境，为的就是让他们受到良好环境的影响，从而成长为优秀的人才。

当然，不仅是孩子，其实那些自认为思想已经成熟的成人同样也会受到环境潜移默化的影响。就拿你自己为例吧，你跟什么样的人待的时间久，就会不自觉地形成什么样的习惯。尽管你不自知，但是一个许久不见的朋友会发现你身上的改变。所以你也许觉得自己意志坚定，其实你同样被泡菜效应影响着。如果不想自己被带坏，那就让自己尽量往好人堆里扎吧，你会发现自己越来越好。